U0299875

生命科学系列丛书

人工阔叶红松林土壤
微生物群落结构及多样性解析

张萌萌 著

黑龙江大学出版社
HEILONGJIANG UNIVERSITY PRESS
哈尔滨

图书在版编目（CIP）数据

人工阔叶红松林土壤微生物群落结构及多样性解析 /
张萌萌著 . -- 哈尔滨 ：黑龙江大学出版社，2023.1
ISBN 978-7-5686-0656-1

Ⅰ．①人… Ⅱ．①张… Ⅲ．①红松－阔叶林－土壤微
生物－微生物群落－研究②红松－阔叶林－土壤微生物－
生物多样性－研究 Ⅳ．① S714

中国版本图书馆 CIP 数据核字（2021）第 146681 号

人工阔叶红松林土壤微生物群落结构及多样性解析
RENGONG KUOYE HONGSONGLIN TURANG WEISHENGWU QUNLUO JIEGOU JI DUOYANGXING JIEXI
张萌萌　著

责任编辑　于　丹　于晓菁
出版发行　黑龙江大学出版社
地　　址　哈尔滨市南岗区学府三道街 36 号
印　　刷　哈尔滨市石桥印务有限公司
开　　本　720 毫米 ×1000 毫米　1/16
印　　张　14
字　　数　222 千
版　　次　2023 年 1 月第 1 版
印　　次　2023 年 1 月第 1 次印刷
书　　号　ISBN 978-7-5686-0656-1
定　　价　52.00 元

本书如有印装错误请与本社联系更换。

前　言

　　针阔叶混交林是寒温带针叶林和喜阳阔叶林之间的一种过渡类型。其中，阔叶红松林为东北地区地带性顶级群落，具有抵抗病虫害、加速凋落物分解、增强种群多样性等生态功能。水曲柳和胡桃楸是东北三大硬阔叶树种，是我国珍稀保护树种。森林土壤微生物的数量和种群，直接影响森林土壤理化性质以及土壤肥力，进而影响森林的生长发育。森林土壤微生物的多样性和变异性反映了它们对生境质量的适应性，是敏感的生物指标，因此，营建阔叶红松林对土壤微生物群落的结构和多样性的影响，即阔叶红松林的类型与土壤微生物群落的结构和多样性间的相互关系，是维持东北红松可持续发展的关键因素之一。为此，本书以帽儿山尖砬沟森林培育试验站1986年营建的红松和胡桃楸、红松和水曲柳2种人工阔叶红松林为研究对象，以红松纯林、胡桃楸纯林、水曲柳纯林为对比林型，分析了土壤养分和土壤酶活性的生长季动态变化、土壤微生物碳代谢功能多样性的差异，利用高通量测序技术分析在不同林型以及不同混交方式下土壤微生物群落差异，为促进森林生态系统的良性循环及森林土壤肥力的维持提供理论依据。

　　本书结合人工林营建措施和土壤化学特征，以土壤微生物（包括土壤细菌、真菌和氨氧化微生物）群落为核心，通过对"混交林－土壤－微生物"整体系统的研究，揭示了营建方式和土壤化学成分对土壤微生物群落结构及多样性的影响，以及土壤微生物的响应机制，为科学指导阔叶红松林营建提供了有力依据。同时，在营建阔叶红松林过程中，红松与水曲柳、胡桃楸混交后加速了红松土壤中有机物的分解和腐殖化，有利于土壤有机质的积累，增加了胡桃楸土壤细菌的多样性，改善了阔叶红松林中红松土壤真菌和氨氧化古菌群落丰度及多样

1

性。笔者发现了针阔叶混交增加了一些重要外生菌根真菌的数量,这保证了阔叶红松林的生态稳定性。因此,本书为营建针阔叶混交林提供了生态领域的理论支撑。

目　　录

1 绪论

随着全球经济不断发展,人类对木材的需求量越来越大,因此,天然林所占面积每年都在不断减少。发展人工林可缓解未来木材短缺问题,并为全球提供工业木材和其他林产品。在人工林的不断发展中,人工纯林在生产实践中占主导地位,关于人工纯林的研究也十分广泛,但随着气候变化的日益加剧和资源的短缺,人们对人工混交林的研究兴趣越来越大。

土壤微生物是森林生态系统的重要组分,其群落结构呈现高度多样性。土壤微生物在养分循环过程中起至关重要的作用,包括有机质的分解和矿化、土壤化学循环、土壤结构的形成。目前,对森林土壤微生物资源系统的调查较少,对土壤微生物的作用缺乏足够的认识。混交林土壤微生物群落以及土壤环境之间关系的研究将是森林生态系统的重要领域,对森林的健康稳定发展具有重要的指导意义。

森林生态系统约占全球陆地表面积的30%。对于人类来说,森林生态系统是必不可少的,其为人类提供了大量的食物、木材和淡水,对气候、洪水等有调节作用,对土壤的形成、营养的循环和初级生产起到支撑作用。森林生态系统作为一个碳汇,提供了重要的碳储存功能。近年来,在不同尺度上对森林生态系统的碳储存能力和碳汇能力进行了大量研究,如地形范围、区域范围、国家范围、全球范围。

随着全球人口数量和经济水平的不断增长,天然林处于木材和纤维产品高需求量的压力下,同时还要承担一系列的社会和环境服务。每年,天然林所占面积都在锐减,土地退化或改为其他的利用方式。联合国粮农组织(FAO)2020年《全球森林资源评估》报告显示,全球森林砍伐仍在继续,要发展人工林来缓解未来木材短缺的问题,并为全球提供工业木材和其他林产品。在人工林的不断发展过程中,人工纯林在生产实践中占主导地位,关于纯林的研究也十分广泛,但随着气候变化的日益加剧和资源的短缺,人们对混交林系统的研究兴趣越来越大。较高的树种多样性增加了生态位的数量,从而进一步增加了相关物种的数量,例如,通过为下层植被和动物提供更好的栖息地,从而增加它们的数量。然而,成功的混交林案例十分有限。在混交林中,混交的作用机制以及在一定条件下选择最优组合和互补性状的树种组合的机制在很大程度上还是未知的。

在过去200年,人工林在欧洲地区十分常见。自20世纪60年代以来,人工林在其他地方也变得越来越普遍,包括北美、南美、大洋洲和亚洲部分地区(中国、日本、印度等)。

在过去的几个世纪里,有一些混交林的营建取得了成功,受到广泛关注。根据 Kelty 和 Nichols 等人的研究,早在 1910 年,欧洲就已经有松树与落叶松混交的记录,而松树与赤杨、橡树和山毛榉等树种混交亦不断发展。20 世纪 80 年代以来,研究人员通过全面的数据收集,进行严谨的科学研究,着重比较了人工混交林和人工纯林。在欧洲和北美有了一些更适宜的混交树种应用。此外,欧洲人工纯林的面积不断减少,逐步发展混交林,其目标是提高生产力、抗逆性和恢复力或将针叶树种转化为阔叶树种。一般来说,混交林由两种、三种甚至四种树种组成,也可能更多样化或更复杂。

1.1　人工纯林的优点与缺点

人工纯林的优势被人们广泛地了解和研究。人工纯林可用于处理废水和改善水质,修复被砍伐的流域和退化的景观。在热带地区,人工纯林的营建主要是为了生产木材和纤维制品。速生、外来低密度树种,如桉树、马尾松和刺槐等,轮作周期短,较原生植物在光、营养和水资源的竞争方面具有一定优势,因此在木材、纸浆、木炭和燃料等领域被大量使用。在温带和北部地区,杨树被用来保护土壤和水资源,而柳树作为潜在的生物能源。

尽管人工纯林的经济意义被广泛认可,但也有研究人员质疑人工纯林的作用,认为其对社会和环境有很多负面影响。人工纯林可能耗尽土壤养分,导致土壤退化。机械采伐树木促进了土壤压实,从而不利于下层植被的生长。人工纯林因地表附近存在根系较少,无法有效地获得土壤养分,可能导致土壤养分的大量流失。此外,一些树种,如桉树和石梓会引起土壤酸化,石梓还能够释放特定物质,抑制其他植物的生长。有研究人员发现,某些树种(如桉树)在天然林中比其他树种消耗水量更多,这可能导致某些地区的地下水位下降。此外,人工纯林更容易受到病虫害的影响。由于人工纯林下树木的物种遗传组成是一致的,而且亲缘关系密切,它们为昆虫和病原体提供巨大的食物来源和理想的栖息地,从而导致昆虫和病原体迅速定居和传播。

1.2　人工混交林的优点与缺点

大量证据表明,植被种类的增加可以获得更多经济、环境和社会效益。首先,混交可以最大限度地利用资源,从而提高林分生产力和固碳能力。有些研究发现,与纯林相比,混交林的产量更高。Chomel 等人研究发现,杨树和白云杉混交增加了杨树的木材产量,并且相较于杨树纯林或白云杉纯林,混交林的固碳能力更强。丁壮对于红松人工林碳贮量的研究表明,白桦与红松混交以及蒙古栎与红松混交总碳贮量高于红松纯林,其中蒙古栎与红松混交林总碳贮量最高。有的研究则表明混交林(红松和水曲柳混交)的立木产量低于红松纯林,而总生物量高于纯林。因此,混交林比纯林获得更大生产力的不确定性仍然存在。与此同时,混交林还存在着一些缺点。热带地区的混交林可能对生物多样性产生负面影响。例如,在澳大利亚,混交林的多样性低于当地热带雨林,与人工纯林相比,混交林拥有的热带雨林鸟类品种更少。由于不对称竞争,混交林在一定条件下会降低土壤肥力和生产力。此外,混交林中树种选择不当会增加当地病虫害暴发的风险。

1.3　森林生态功能的研究进展

1.3.1　森林固碳

人为活动和土地利用方式的变化,引起了全球气候变暖、二氧化碳浓度不断升高,因此,人们对如何节能、减排越来越关注。森林碳储存占陆地生物圈的45%,其能够通过吸收二氧化碳来有效地抵消化石燃料燃烧所排放的碳,因此森林的生物量固碳能力引起了人们的兴趣。人工造林是人类采取的最有效、最友好的生态学方法,其加强了陆地生态系统的碳固定,并减少了大气中不断升高的二氧化碳浓度。大面积造林起到了提高碳汇、保护土壤、改善水质的作用。人工造林也是碳汇与碳源转化的主要驱动力。人工林将碳固定在生物量里,因此人工林在陆地碳汇的固定中发挥重要作用。土壤固碳的最终形式是稳定的腐殖质,可能要比暂时固定在生物量中更为持久。从长远来看,土壤固碳是缓解全球变暖的最有效方法。

以前的研究主要集中在国家、地区或小区尺度上固碳和森林生态系统变化。Woodbury 等人研究发现,在 1990 年至 2004 年间,美国人造林每年的平均固碳量为 1.7×10^{13} g,其中土壤每年 6×10^{12} g、林地每年 1.1×10^{13} g。Fang 等人估计,在 20 世纪 70 年代中期至 1988 年,人工林固碳 4.5×10^{14} g,平均碳密度从每公顷 1.53×10^{7} g 增加到每公顷 3.11×10^{7} g。Liu 等人指出,在中国天然林保护计划(1998 年至 2004 年)下新人工林固碳量为 2.13×10^{13} g。根据相关报道,全球造林和再造林可能在 1995 年至 2050 年间固碳 $6 \times 10^{16} \sim 9 \times 10^{16}$ g。Niu 和 Duiker 预测,美国中西部农田边缘造林可在 20 年内固碳 $5.08 \times 10^{14} \sim 5.40 \times 10^{14}$ g,50 年内固碳 $1.018 \times 10^{15} \sim 1.080 \times 10^{15}$ g,这些可以抵消目前二氧化碳排放量的 6% $\sim$ 8%。Xu 计算出,如果中国将现有适宜土地全部造林,在永久循环的条件下,大概能固碳 97 亿吨。Chen 等人研究表明,在云南省绿色计划下,到 2050 年粮食潜在固碳量将使该省碳储量增加 $4.992 \times 10^{13} \sim 5.662 \times 10^{13}$ g,这相当于 20 世纪 90 年代该省森林碳储存的 10.82% $\sim$ 12.27%。

人工林管理对碳储存具有重要影响。有效的人工林管理不仅可以避免净固碳量的下降,还能提高固碳量。在气候范围相同的区域,人工林的树种组成对碳的储存很重要。在我国南方生长的阔叶树种火力楠的固碳潜力就要高于针叶树种杉木。Kanowski 等人对澳洲东北部的热带高地进行研究,发现混交林的储碳量要高于本地针叶纯林。尤文忠等人发现生物量的积累随树龄的增长而增加,并且长白落叶松树干连年碳积累和平均碳积累都明显高于蒙古栎。然而,我国 21 世纪的最初 10 年大规模并持续地发展针叶或阔叶纯林,如桉树,引起了严重的生态问题。为了满足优质木材和生态服务的需要,我国更侧重于进行优质阔叶林和混交林的种植。

1.3.2   森林氮循环

土壤氮库约占森林生态系统氮素总量的 90%,土壤氮循环是决定生态系统氮循环和输出速率的重要组成部分。森林生态系统土壤氮循环包括输入、转化和输出三个过程。这些过程包括:生物固氮、凋落物分解、氮矿化、硝化、反硝化、氮氧化物排放和氮浸出。森林生态系统中土壤氮主要来自生物固氮和分解。人为干扰较少或没有人为干扰时，氮素在植物、微生物、土壤有机质和土壤矿物质之间迁移，而且氮素在生态系统中的损失较小。然而，在过去的几十年里，由于氮肥、固氮植物栽培、化石燃料和生物原料的燃烧作用，氮沉降量有所增加。Galloway 等人预测，到 2050 年全球氮沉降量将达到 2×10^{14} g，成为森林氮的主要输入来源。森林生态系统可以通过植物吸收、微生物固定、土壤阳离子交换和土壤有机质吸收等生物和非生物机制保留土壤中部分沉积的氮。但当森林生态系统达到"氮饱和"时，植物和微生物不能再积累过量的氮。此时，生态系统中的氮将通过淋滤和氮氧化物排放来被消耗，造成水污染、温室气体的排放增加。大量的温带和热带森林的相关研究表明，过量的氮输入将改变森林生态系统的功能和结构。例如，在严重情况下，氮沉积可能通过破坏元素平衡抑制植物生长，通过酸化土壤降低生物多样性，导致森林退化。

1.4　土壤微生物研究进展

土壤微生物作为地球生物化学循环的重要组成部分，在土壤生物化学过程中扮演重要角色，同时也是影响土壤生态系统功能和可持续发展的关键因素。土壤微生物多样性是地球上最大生物多样性库之一，同时土壤微生物群落是土壤健康和质量的敏感指标。在森林生态系统中，土壤微生物群落的生长、活动和结构受到了生物和非生物因素的影响，包括气候、有机质输入的质量和数量、养分的有效性和物理性的干扰。

1.4.1　土壤微生物的垂直特征

在森林生态系统中，通过凋落物的不断输入、分解和合成，土壤在垂直方向上有着明显的分层现象，从上往下依次为凋落层、有机层、矿质层。这种垂直分层的特征是因土壤凋落物代谢过程中土壤养分含量和质量随土层变化而形成的。土壤微生物参与土壤生态系统中凋落物代谢过程，是土壤营养物质合成分解的主要驱动力。因此，土壤微生物群落种类和数量也有着一定分层现象。Šnajdr 等人研究岩生栎林土壤真菌时发现，腐生生长的真菌主要分布在土壤表层,能够形成菌根的真菌主要存在于土壤深层。陈仁华对武夷山森林土壤微生物的垂直分布进行研究,发现不同层次面(落叶层、腐殖质层和土壤层)之间的微生物数量有显著差异,细菌数量最多的是腐殖质层,最少的是土壤层,而真菌数量则表现为在落叶层最多,在土壤层最少,而且不同层面均存在特定优势细菌、真菌菌属。魏佳宁等人研究了三江源区土壤微生物在3个土层的分布(0 ~ 5 cm、5 ~ 10 cm 和 10 ~ 15 cm),结果表明土壤微生物主要分布在土壤表层,且数量随土层深度的增加而减少。

1.4.2 土壤微生物的季节性特征

季节变化直接影响土壤微生物的生存环境,如温度、湿度的变化,土壤养分的有效性(植被生长干扰)。因此,土壤微生物随着季节的动态变化表现出一些特征。Kaiser 在研究山毛榉林土壤有效养分的季节动态变化时发现,植被在生长季和凋落高峰期对土壤养分的吸收驱动了养分的有效性,从而引起了土壤微生物群落结构的变化。除此之外,土壤微生物群落结构变化也受温度和湿度影响。不同季节的森林生态系统在温度和湿度上存在显著差异。已有研究人员证明土壤微生物的季节性变化与土壤温度和湿度的季节性变化有关。邵玉琴等人指出好氧性细菌、放线菌以及芽孢菌数量均在秋季最多,而真菌的数量则在夏季最多。刘洋等人对青藏高原东缘高山森林 – 苔原交错带土壤微生物数量的季节动态进行了研究,发现植物生长季末期大量的凋落物输入和雪覆盖是微生物季节变化的重要外在原因,气候变暖可能增加高山土壤微生物数量。刘爽的研究表明,生物量碳和生物量氮的变化基本上呈现为生长季开始之前下降,生长季结束时上升,其中出现 1 ~ 2 个峰值的季节变化格局。

1.4.3 植被类型对土壤微生物的影响

森林植被类型是土壤化学性质的影响因素之一。不同植被类型的土壤养分、根系分泌物和植物凋落枯叶的成分均不相同,它们将影响土壤微生物群落。有研究指出,甜槠林、毛竹林和黄山松林土壤细菌和真菌的组成和相对密度都明显不同,造成这一结果的主要原因是这 3 种林型凋落物中有机质含量和成分不同。祁连山不同森林植被类型下土壤微生物的变化研究表明,土壤微生物总数在牧坡草地最高,亚高山灌丛最低。许光辉等人在研究长白山北坡自然保护区森林土壤微生物生态分布时发现,林型与土壤微生物有一定的相关性,阔叶林下土壤细菌的数量要多于针叶林。黄志宏等人研究常绿阔叶林、杉木林和毛竹林发现,不同林型间土壤微生物数量存在极显著差异,同时毛竹林土壤微生物数量多于另两种林型,其中杉木林最少。植被对土壤微生物生物量亦有所影响。徐建峰等人研究重阳木和水杉纯林土壤微生物生物量碳、生物量氮时发现,两种林型间微生物生物量氮含量有显著差异,且重阳木纯林土壤微生物生物量碳、生物量氮均显著高于水杉纯林。

1.4.4 土地利用方式对土壤微生物的影响

土壤微生物受到土地利用方式和管理技术的影响。由于土壤中 80% ~ 90% 的生态过程是由微生物群落介导的,因此为了能够预测土壤生态系统功能的变化,我们必须了解土壤微生物群落对于土地利用方式和管理技术的响应和敏感程度。周延阳对红松林不同经营方式下土壤性质及微生物群落进行了研究,结果显示白桦与红松混交林下土壤细菌和真菌的数量要多于其他红松混交林,人工纯林最低。于瑛楠等人利用 Biolog 微平板法研究胡桃楸混交林土壤微生物特性时,发现土壤微生物的数量以胡桃楸纯林最多,但微生物多样性则为混交林更高。邓娇娇等人的研究表明水曲柳和落叶松带状混交后可以提高土壤微生物活性。对纯林和天然林进行比较,惠亚梅等人发现天然林土壤微生物种属数量虽没有人工纯林多,但功能菌群(如溶磷菌、好气性固氮菌、解钾硅酸盐细菌等)数量要多于人工林。罗达等人研究亚热带格木、马尾松纯林及混交林土壤微生物群落结构发现,混交林土壤真菌与细菌比始终高于两种纯林。

1.4.5 土壤微生物的研究方法

土壤微生物的研究方法有很多,根据测定原理可大致分为三类:第一类是基于培养的方法,包括微生物培养技术,Biolog 鉴定系统;第二类是基于生物标记的方法,包括磷脂脂肪酸图谱分析法和甲基脂肪酸图谱分析法;第三类是基于分子生物学技术的方法,主要包括 DGGE(变性梯度凝胶电泳)技术、FISH(荧光原位杂交)技术、T‒RFLP(末端限制性片段长度多态性)分析、454 高通量测序及 Hiseq 高通量测序等,其中最后两种分子生物学技术是现今国内外研究者比较常用的。有研究表明,Illumina Hiseq 测序平台能够克服引物错配等问题,其所获得的微生物群落均匀度和丰度指数较 454 平台获得的更为真实。

1.5　阔叶红松林土壤微生物群落研究进展

阔叶红松林作为东北地区地带性顶级群落,与针叶林纯林相比,具有抵抗病虫等自然灾害、发挥树种的中间作用、维护森林生态系统、加速凋零物分解、改善立地条件、增强种群多样性等诸多生态功能。人工针阔叶混交林方面的研究多集中于林分结构和生长、林下环境小气候的调节效应、凋落物分解和生物多样性及种间关系等方面,而对于阔叶红松林土壤微生物方面的研究鲜少报道。关于林分结构的研究表明,在有明显分层现象的阔叶红松林中,主林层的红松为优势种,占据最大的生存空间,而阔叶树种则在次林层争夺生存空间。董灵波等人研究凉水自然保护区阔叶红松林林分结构发现,阔叶红松林具有较好的林分结构,其在水平方向上的分布主要表现为随机分布,林木的混交程度较好。有关阔叶红松林凋落物的研究有很多。其中,张琴研究了阔叶红松林凋落物分解特性,发现凋落物中各营养成分的初始量差异显著,其中初始氮、磷含量与凋落物的分解速率呈正相关。李雪峰等人研究阔叶红松林内凋落物表层与底层红松枝叶的分解,结果表明凋落物底层的微环境可以加速凋落物的分解和养分元素的释放。此外,对阔叶红松林土壤有机碳的空间分布的研究表明,混交林下的土壤有机碳含量随着土层深度的加大而减少,而表层土壤有机碳占比最高。

木材及纤维产品需求量不断增加,为了发展和保护天然森林生态群落,人工林的营建成为必然。人工纯林和混交林相比,有着一定优势,亦有一定劣势。因此,需要通过优化混交林营建方式来维持其优势、减弱其劣势,为人工混交林的可持续经营提供有价值的经验。本书以帽儿山尖砬沟森林培育试验站混交林和纯林为研究平台,以东北典型阔叶红松林为研究对象,通过分析不同林型下土壤化学成分及酶活性的生长季动态,初步探讨了针阔叶混交林下土壤养分的循环动态机制。运用 Biolog 技术分析不同营建方式下土壤微生物群落碳代谢功能多样性，并利用高通量测序技术分析在不同营建方式下土壤微生物群落形成的差异，从而阐明混交林型对土壤微生物群落结构及功能多样性的影响，为阔叶红松林管理方式的制定提供科学的参考依据，并为促进森林生态系统的良性循环及森林土壤肥力的维持提供理论依据。

2 人工阔叶红松林土壤化学成分及酶活性的生长季动态

2.1 研究样地及研究方法

2.1.1 样地概况

试验样地设于黑龙江省尚志市境内的东北林业大学帽儿山尖砬沟森林培育试验站,低山丘陵地貌,温带大陆性季风气候,全年平均气温 2.8 ℃,1 月平均气温 −23 ℃,7 月平均气温 20.9 ℃。全年无霜期 120 ~ 140 天。全年平均降水量 723 mm,蒸发量 1 094 mm。地带性土壤为暗棕壤,平均土层厚度 40 cm 左右,剖面呈酸性(pH = 4.3 ~ 6.0)。地带性顶极群落为阔叶红松林。试验站所在区域经过多次破坏,形成以白桦(*Betula platyphylla*)、红松(*Pinus koraiensis*)、水曲柳(*Fraxinus mandshurica*)及胡桃楸(*Juglans mandshurica*)等为主要树种的次生林。

在 1986 年春营建的试验林设置样地,选取 3 个人工纯林和 2 个人工混交林,分别为红松纯林、胡桃楸纯林、水曲柳纯林、红松和胡桃楸混交林、红松和水曲柳混交林。混交为带状混交,株行距为 1.5 m × 2.0 m,各混交林试验林型之间被次生林间隔。各林分处于同一地块,坡度平均为 7°。

2.1.2 研究方法

于 5 ~ 10 月连续 6 个月,每月中旬在东北林业大学帽儿山尖砬沟森林培育试验站取上述人工林土壤:红松纯林土壤(PK)、胡桃楸纯林土壤(JM)、红松和胡桃楸混交林中的胡桃楸土壤(PK × JM/JM)、红松和胡桃楸混交林中的红松土壤(PK × JM/PK)、水曲柳纯林土壤(FM)、红松和水曲柳混交林中的水曲柳土壤(PK × FM/FM)、红松和水曲柳混交林中的红松土壤(PK × FM/PK)。

在每个样地选取 3 个 10 m × 20 m 的样方,作为 3 次重复,运用"10 点"取样法在各个样方进行取样,去除地表凋落物层,在样方内采集土层 0 ~ 10 cm 根区域土壤样品,分别将在每块样方内采集的土样均匀混合处理,去掉土壤中可见动植物残体和植物根系。将采集的土样与冰袋同时存放并迅速带回实验室后,将土样立即过 2 mm 土壤筛,然后分装为两份,其中一份放于 4 ℃ 中保存用于土壤酶活性的测定,另一份风干后用于土壤化学成分的测定。

2.1.3　土壤化学成分及酶活性测定

土壤化学成分测定参考鲍士旦的方法:土壤总氮(TN)含量采用半微量凯氏定氮法测定,土壤碱解氮(AHN)含量采用碱解扩散法测定,土壤总磷(TP)含量采用钼锑抗法测定,土壤有效磷(AP)含量采用钼锑抗比色法测定,土壤有效钾(AK)含量采用火焰光度计法测定,土壤总碳(TC)含量利用 TOC 分析仪进行测定。

酶活性测定参照关松荫的方法:蔗糖酶(SC)活性采用 3,5 - 二硝基水杨酸比色法测定,脲酶(UE)活性采用苯酚钠 - 次氯酸钠比色法测定,过氧化氢酶(CAT)活性采用高锰酸钾滴定法测定,酸性磷酸酶(ACP)活性采用对硝基苯磷酸二钠法测定。

2.2　数据处理及统计分析

结果中表和折线图数据使用的是样品 3 次重复的平均值和标准差,利用单因素方差法(One - way ANOVA)分析不同营建方式之间各土壤化学成分和酶活性的差异,$p < 0.05$ 为显著,$p < 0.01$ 为极显著。在进行方差分析之前,进行了方差齐性检验(F - test),总氮和碱解氮指标满足齐性(p 值分别为 0.126 和 0.323,均大于 0.05),利用最小显著性差异法(LSD)进行差异显著性分析。土壤总磷、速效磷、速效钾、总碳及 4 种酶活性指标未满足齐性(p 值均小于 0.05),进行显著性差异分析。同时,利用以上数据进行多因素方差分析。以上分析通过 SPSS 20.0 和 Microsoft Excel 2019 完成。

2.3 结果与分析

2.3.1 阔叶红松林土壤化学成分

2.3.1.1 阔叶红松林土壤化学成分的比较分析

由表 2-1 可知,月份极显著影响了土壤总磷、有效磷、有效钾和总碳的含量;营建方式极显著影响了土壤总碳含量;除了碱解氮,林型对其余 5 个化学成分均有显著或极显著影响。

PK×JM/PK 有效钾和总碳含量均显著高于 PK($p < 0.05$),而 PK×JM/JM 总氮和总碳含量均显著高于 JM($p < 0.05$),其余化学成分差异均未达到显著水平($p > 0.05$)。PK×FM/PK 总氮和总碳含量均显著低于 PK($p < 0.05$),PK×FM/FM 这 6 种化学成分与 FM 间的差异均未达到显著水平($p > 0.05$)。

表 2 - 1　阔叶红松林土壤化学成分

林型	土壤	总氮/ (mg·g⁻¹)	碱解氮/ (mg·kg⁻¹)	总磷/ (mg·g⁻¹)	有效磷/ (mg·kg⁻¹)	有效钾/ (mg·kg⁻¹)	总碳/ (mg·g⁻¹)
红松	PK	5.2±0.7b	403.3±50.5ab	0.9±0.2ab	17.9±4.9b	5.2±1.9a	88.9±8.2bc
	PK×JM/PK	5.1±1.3b	381.5±74.9ab	0.8±0.2a	14.5±5.2ab	8.6±4.9b	114.7±17.4d
	PK×FM/PK	3.6±1.3a	323.3±95.5a	1.0±0.6b	15.6±2.7ab	7.0±4.1ab	61.1±6.8a
胡桃楸	JM	4.8±1.4b	352.8±52.8a	1.0±0.2ab	13.0±6.5a	8.7±4.3b	100.0±16.1c
	PK×JM/JM	6.5±1.8c	399.3±100.9ab	0.9±0.1ab	17.4±10.7ab	7.2±3.8ab	139.8±27.8e
水曲柳	FM	5.3±1.5b	341.0±176.3b	0.8±0.2ab	17.4±4.4ab	6.8±4.2b	80.3±14.6b
	PK×FM/FM	4.8±1.7b	366.9±103.4ab	0.8±0.2a	18.9±4.1b	6.1±3.0ab	78.1±10.7b
主体间效应							
月份		1.896	2.097	6.858**	23.157**	48.894**	4.163**
营建方式		0.422	1.956	2.768	2.291	0.141	10.178**
林型		5.972**	0.781	3.144*	5.445**	7.713**	38.876**
营建方式×林型		14.137*	4.305*	0.019	9.453**	14.595**	12.528*

注：各化学成分采样为 5～10 月的平均值±标准差，$n=18$。小写字母表示不同同处理之间平均值差异显著性（$p<0.05$），*代表相关显著（$p<0.05$），**代表相关性极显著（$p<0.01$）。

2.3.1.2　阔叶红松林土壤总氮含量的生长季动态

图 2-1(A)展示了不同红松林土壤总氮含量在生长季的动态变化。PK 和 PK×JM/PK 总氮含量均随季节变化呈先降低后升高再降低的变化趋势,为倒"N"形曲线,而 PK×FM/PK 呈现"M"形曲线。不同红松林土壤总氮含量最高的月份均不同,而含量最低的月份相对一致。PK 和 PK×JM/PK 土壤总氮含量最低的月份均为 6 月,而 PK×FM/PK 最低的月份为 8 月。

图 2-1(B)展示了不同胡桃楸林和不同水曲柳林土壤总氮含量在生长季的动态变化。JM 总氮含量随季节变化呈先降低后升高再降低的变化趋势,为倒"N"形曲线,PK×JM/JM 总氮含量先降低后升高并重复,JM 和 PK×JM/JM 总氮含量均为 6 月最低,9 月最高;而 FM 和 PK×FM/FM 总氮含量呈先升高后降低再升高的变化趋势,为正"N"形曲线,FM 和 PK×FM/FM 总氮含量最高月份均为 6 月,最低月份则分别为 9 月和 8 月。

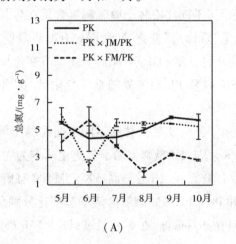

(A)

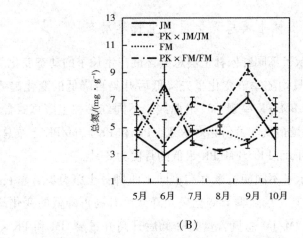

（B）

图 2 - 1　土壤总氮含量的生长季动态变化

2.3.1.3　阔叶红松林土壤碱解氮含量的生长季动态

　　图 2 - 2(A)展示了不同红松林土壤碱解氮含量在生长季的动态变化。PK 碱解氮随季节变化呈"阶梯式"变化趋势,即先升高后降低并重复,碱解氮含量最高为 6 月,最低为 9 月;PK×JM/PK 碱解氮随季节变化呈"W"形曲线,6 月为最低,5 月为最高;PK×FM/PK 碱解氮随季节变化呈"N"形曲线,在 5 月最低,在 6 月最高。

　　图 2 - 2(B)展示了不同胡桃楸林和不同水曲柳林土壤碱解氮在生长季的动态变化。JM 和 PK×JM/JM 碱解氮随季节变化基本为先降低后升高并重复。JM 碱解氮含量在 6 月最低,在 10 月最高;PK×JM/JM 碱解氮含量在 8 月最低,在 5 月最高。FM 和 PK×FM/FM 碱解氮随季节变化分别呈"M"形和"N"形曲线。FM 碱解氮含量在 9 月最低,在 8 月最高;PK×FM/FM 碱解氮含量在 7 月最低,在 6 月最高。

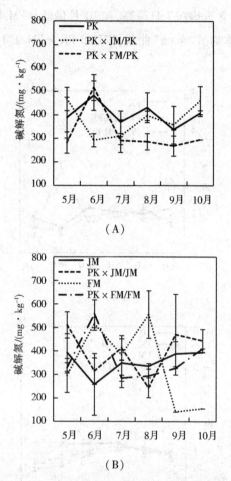

（A）

（B）

图2-2 土壤碱解氮含量的生长季动态变化

2.3.1.4 阔叶红松林土壤总磷含量的生长季动态

图2-3（A）展示了不同红松林土壤总磷含量在生长季的动态变化。PK和PK×JM/PK总磷含量随季节变化均呈"W"形曲线。PK总磷含量最高的月份为8月,最低的月份为9月;PK×JM/PK总磷含量最高的月份为7月,最低的月份为9月。PK×FM/PK总磷含量随季节变化呈"M"形曲线,在9月最高,在10月最低。

图2-3（B）展示了不同胡桃楸林和不同水曲柳林土壤总磷含量在生长季的动态变化。JM和PK×JM/JM总磷含量随季节变化基本均呈"单峰"曲线,JM

和 PK×JM/JM 总磷含量均在 7 月最高,在 10 月最低。FM 和 PK×FM/FM 总磷含量随季节变化基本均呈"单峰"曲线,FM 和 PK×FM/FM 总磷含量均在 6 月最高,在 10 月最低。

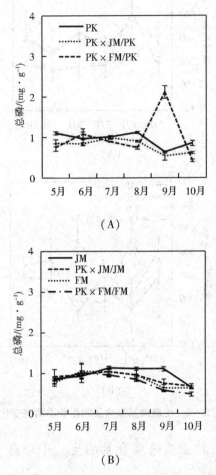

（A）

（B）

图 2-3 土壤总磷含量的生长季动态变化

2.3.1.5 阔叶红松林土壤有效磷含量的生长季动态

图 2-4(A)展示了不同红松林土壤有效磷含量在生长季的动态变化。PK 有效磷含量随季节变化呈"单峰"曲线,有效磷含量最高的月份为 8 月,最低的月份为 5 月;PK×JM/PK 有效磷含量随季节变化呈"阶梯式"变化趋势,即先降低后升高并重复,在 8 月最低,在 7 月最高;PK×FM/PK 有效磷含量随季节变

化呈"W"形曲线,在8月最低,在7月最高。

图2-4(B)展示了不同胡桃楸林和不同水曲柳林土壤有效磷含量在生长季的动态变化。JM有效磷含量随季节变化基本呈"N"形曲线,在8月最低,在6月最高;PK×JM/JM有效磷含量随季节变化基本呈"M"形曲线,在8月最低,在7月最高。FM有效磷含量随季节变化呈"N"形曲线,在8月最低,在6月最高;PK×FM/FM有效磷含量随季节变化呈"W"形曲线,在6月最低,在7月最高。

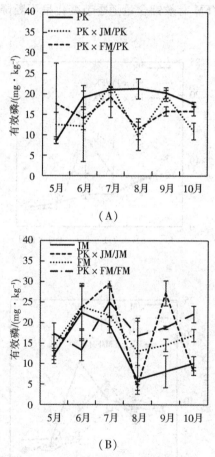

图2-4　土壤有效磷含量的生长季动态变化

2.3.1.6　阔叶红松林土壤有效钾含量的生长季动态

图2-5(A)展示了不同红松林土壤有效钾含量在生长季的动态变化。PK

有效钾含量随季节变化呈不断降低的趋势,在5月最高,在10月最低;PK×JM/PK和PK×FM/PK有效钾含量随季节变化均呈倒"N"形曲线,且均在10月最低,在8月最高。

　　图2−5(B)展示了不同胡桃楸林和不同水曲柳林土壤有效钾含量在生长季的动态变化。JM有效钾含量随季节变化基本呈"单峰"形曲线,在10月最低,在8月最高;PK×JM/JM有效钾含量随季节变化呈倒"N"形曲线,在10月最低,在7月最高。FM有效钾含量随季节变化呈"单峰"形曲线,在10月最低,在7月最高;PK×FM/FM有效钾含量随季节变化呈不断降低的趋势,在9月最低,在5月最高。

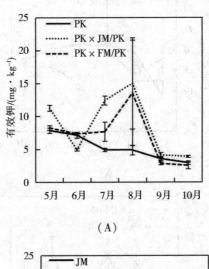

(A)

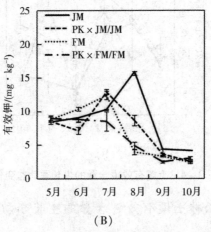

(B)

图2−5　土壤有效钾含量的生长季动态变化

2.3.1.7　阔叶红松林土壤总碳含量的生长季动态

图 2-6(A)展示了不同红松林土壤总碳含量在生长季的动态变化。PK 总碳含量随季节变化呈"M"形曲线,在 9 月最高,在 5 月最低;PK×JM/PK 总碳含量随季节变化呈"N"形曲线,在 5 月最低,在 6 月最高;PK×FM/PK 总碳含量随季节变化呈"阶梯"形曲线,即先降低后升高并重复,在 10 月最低,在 7 月最高。

图 2-6(B)展示了不同胡桃楸林和不同水曲柳林土壤总碳含量在生长季的动态变化。JM 和 PK×JM/JM 总碳含量随季节变化均呈"M"形曲线,均在 5 月最低,在 9 月最高。FM 和 PK×FM/FM 总碳含量随季节变化分别呈"N"形和"W"形曲线。FM 总碳含量在 5 月最低,在 10 月最高;PK×FM/FM 总碳含量在 6 月最低,在 10 月最高。

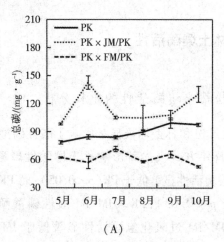

(A)

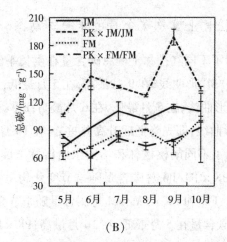

（B）

图 2-6　土壤总碳含量的生长季动态变化

2.3.2　阔叶红松林土壤酶活性

2.3.2.1　阔叶红松林土壤酶活性的比较分析

由表 2-2 可知,月份和林型均极显著影响了酸性磷酸酶、脲酶、蔗糖酶和过氧化氢酶的活性,营建方式极显著影响了土壤酸性磷酸酶和脲酶的活性。PK×JM/PK 酸性磷酸酶活性显著低于 PK($p<0.05$),而 PK×JM/PK 过氧化氢酶活性显著高于 PK($p<0.05$);PK×JM/JM 酸性磷酸酶活性显著高于 JM($p<0.05$),而 PK×JM/JM 过氧化氢酶活性显著低于 JM($p<0.05$)。PK×FM/PK 酸性磷酸酶活性显著低于 PK($p<0.05$),而 PK×FM/PK 过氧化氢酶活性显著高于 PK($p<0.05$);PK×FM/FM 蔗糖酶和过氧化氢酶活性均显著低于 FM($p<0.05$)。

表2-2 红松阔叶林土壤酶活性

林型	土壤	酸性磷酸酶/(mg·g⁻¹·h⁻¹)	脲酶/(mg·g⁻¹)	蔗糖酶/(mg·g⁻¹)	过氧化氢酶/(mL·g⁻¹)
红松	PK	$6.09 \pm 0.28c$	$0.84 \pm 0.04b$	$0.49 \pm 0.01bc$	$5.62 \pm 0.17ab$
	PK×JM/PK	$5.49 \pm 0.30ab$	$0.94 \pm 0.04b$	$0.51 \pm 0.01c$	$6.40 \pm 0.15e$
	PK×FM/PK	$5.05 \pm 0.36a$	$0.85 \pm 0.03b$	$0.51 \pm 0.01c$	$6.18 \pm 0.06de$
胡桃楸	JM	$5.49 \pm 0.32ab$	$0.86 \pm 0.03b$	$0.45 \pm 0.00ab$	$6.00 \pm 0.18cd$
	PK×JM/JM	$5.78 \pm 0.25bc$	$0.81 \pm 0.02ab$	$0.45 \pm 0.03ab$	$5.80 \pm 0.14bc$
水曲柳	FM	$5.81 \pm 0.22bc$	$0.78 \pm 0.04ab$	$0.49 \pm 0.01bc$	$5.92 \pm 0.08bcd$
	PK×FM/FM	$5.73 \pm 0.34bc$	$0.65 \pm 0.03a$	$0.44 \pm 0.02a$	$5.33 \pm 0.22a$
主体间效应					
月份		25.312^{**}	86.008^{**}	4.003^{**}	16.361^{**}
营建方式		10.948^{**}	9.513^{**}	0.083	0.010
林型		19.011^{**}	7.730^{**}	5.225^{**}	38.245^{**}
营建方式×林型		3.437	1.086	5.299^{**}	2.745

注：酶活性为5～10月的平均值±标准差，$n=18$。小写字母表示不同处理之间平均值差异显著性（$p<0.05$），*代表相关性显著（$p<0.05$），**代表相关性极显著（$p<0.01$）。

2.3.2.2 阔叶红松林土壤酸性磷酸酶活性的生长季动态

图 2-7(A)展示了不同红松林土壤酸性磷酸酶活性在生长季的动态变化。PK 酸性磷酸酶活性随季节变化呈倒"N"形曲线,在 6 月最低,在 9 月最高。PK×JM/PK 和 PK×FM/PK 酸性磷酸酶活性随季节变化均呈"W"形曲线,均在 5 月最高,在 9 月最低。

图 2-7(B)展示了不同胡桃楸林和不同水曲柳林土壤酸性磷酸酶活性在生长季的动态变化。JM 酸性磷酸酶活性随季节变化呈"W"形曲线,在 9 月最低,在 7 月最高;PK×JM/JM 酸性磷酸酶活性随季节变化呈"W"形曲线,在 9 月最低,在 5 月最高。FM 酸性磷酸酶活性呈"V"形曲线,在 5 月最高,在 9 月最低;PK×FM/FM 酸性磷酸酶活性呈"阶梯"形曲线,即先升高后降低并重复,在 6 月最高,在 9 月最低。

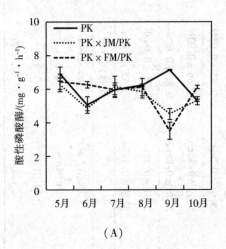

(A)

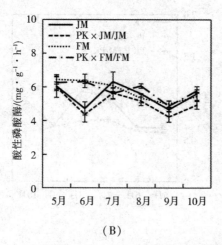

（B）

图 2-7　土壤酸性磷酸酶活性的生长季动态变化

2.3.2.3　阔叶红松林土壤脲酶活性的生长季动态

图 2-8(A)展示了不同红松林土壤脲酶活性在生长季的动态变化。PK 脲酶活性在 5 月最低,在 8 月最高;PK×JM/PK 脲酶活性随季节变化呈"W"形曲线,在 10 月最高,在 6 月最低;PK×FM/PK 脲酶活性随季节变化呈"单峰"形曲线,在 7 月最高,在 5 月最低。

图 2-8(B)展示了不同胡桃楸林和不同水曲柳林土壤脲酶活性在生长季的动态变化。JM 和 PK×JM/JM 脲酶活性随季节变化均呈"W"形曲线,均在 6 月最低,在 8 月最高。FM 和 PK×FM/FM 脲酶活性均呈"W"形曲线,在 10 月最高,在 6 月最低。

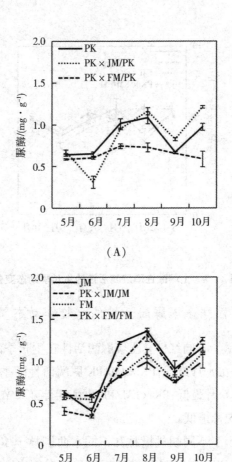

（A）

（B）

图 2−8　土壤脲酶活性的生长季动态变化

2.3.2.4　阔叶红松林土壤蔗糖酶活性的生长季动态

图 2−9（A）展示了不同红松林土壤蔗糖酶活性在生长季的动态变化。PK蔗糖酶活性随季节变化呈"阶梯"形曲线，即先降低后升高并重复，PK 蔗糖酶活性在 8 月最低，在 7 月最高；PK×JM/PK 蔗糖酶活性随季节变化呈"阶梯"形曲线，即先降低后升高并重复，PK×JM/PK 蔗糖酶活性在 7 月最高，在 6 月最低；PK×FM/PK 蔗糖酶活性随季节变化呈"阶梯"形曲线，即先降低后升高并重复，PK×FM/PK 蔗糖酶活性在 7 月最高，在 8 月最低。

图 2−9（B）展示了不同胡桃楸林和不同水曲柳林土壤蔗糖酶活性在生长

季的动态变化。JM 蔗糖酶活性在 5 月最低,在 7 月最高;PK×JM/JM 蔗糖酶活性随季节变化呈倒"N"形曲线,在 6 月最低,在 7 月最高。FM 蔗糖酶活性随季节变化呈"阶梯"形曲线,即先升高后降低并重复,FM 蔗糖酶活性最高月份为 7 月,最低月份为 10 月;PK×FM/FM 蔗糖酶活性随季节变化呈"阶梯"形曲线,即先降低后升高并重复,PK×FM/FM 蔗糖酶活性最高月份为 5 月,最低月份为 8 月。

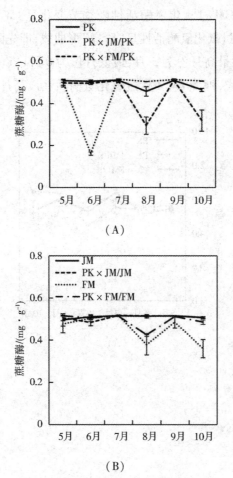

（A）

（B）

图 2 - 9　土壤蔗糖酶活性的生长季动态变化

2.3.2.5　阔叶红松林土壤过氧化氢酶活性的生长季动态

图 2 -10(A)展示了不同红松林土壤过氧化氢酶活性在生长季的动态变

化。PK 过氧化氢酶活性随季节变化呈"阶梯"形曲线,即先降低后升高并重复,
PK 过氧化氢酶活性在 6 月最低,在 7 月最高;PK×JM/PK 过氧化氢酶活性随季
节变化呈"V"形曲线,在 10 月最高,在 6 月最低;PK×FM/PK 过氧化氢酶活性
随季节变化呈"M"形曲线,在 9 月最高,在 8 月最低。

　　图 2 - 10(B)展示了不同胡桃楸林和不同水曲柳林土壤过氧化氢酶活性在
生长季的动态变化。JM 过氧化氢酶活性随季节变化不断上升,在 5 月最低,在
10 月最高;PK×JM/JM 过氧化氢酶活性随季节变化呈"W"形曲线,在 6 月最
低,10 月最高。FM 过氧化氢酶活性呈"阶梯"形曲线,即先降低后升高并重复,
FM 过氧化氢酶活性最高月份为 5 月,最低月份为 6 月;PK×FM/FM 过氧化氢
酶活性呈"N"形曲线,PK×FM/FM 过氧化氢酶活性最高月份为 10 月,最低月
份为 5 月。

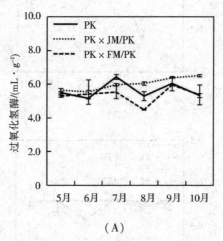

(A)

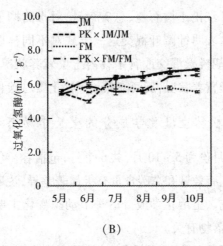

（B）

图 2 - 10　土壤过氧化氢酶活性的生长季动态变化

2.4　讨论

2.4.1　阔叶红松林土壤化学成分

2.4.1.1　阔叶红松林土壤化学成分的比较分析

土壤作为植被赖以生存的基础,为植被生长提供所需的营养元素。土壤化学性质是衡量土壤肥力的重要指标之一,直接影响植物的生长状况。本书多因素方差分析表明:总磷、有效磷、有效钾和总碳含量对月份的变化敏感;仅总碳含量对营建方式的改变敏感;土壤化学成分对林型的变化极为敏感,林型对总氮、总磷、有效磷、有效钾和总碳含量均有显著或极显著影响。JM 碱解氮含量显著高于 FM,PK 有效磷含量显著高于 JM,JM 有效钾含量显著高于 PK。闫宝龙等人的研究表明,不同林型下土壤总氮、有效磷和有机碳含量均有显著差异。陈永亮等人在研究混交林对土壤化学性质的影响时发现,混交这一方式改变了土壤 pH 值及有效氮、有效磷等营养物质的含量,改善了土壤营养状况。研究人员比较阔叶红松林下土壤化学成分后发现:红松与胡桃楸混交显著提高了红松土壤有效钾和总碳含量,显著提高了胡桃楸土壤总氮和总碳含量;红松与水曲柳混交则显著降低了红松土壤总氮、总碳含量,对水曲柳土壤化学成分的影响未达到显著水平。这表明针阔叶混交这一方式对不同林型土壤化学成分的影响有所不同,红松和胡桃楸混交改善了林内土壤营养状况,红松和水曲柳混交并没有改善林内土壤营养状况,反而降低了红松土壤总碳和总氮含量。

2.4.1.2　阔叶红松林土壤化学成分的生长季动态变化

在本书中,取样月份为 5~10 月,共 6 个月,包括春、夏和秋 3 个季节,不同月份下总磷、有效磷、有效钾和总碳含量有极显著差异,说明季节对这 4 种土壤化学成分有显著影响。土壤化学成分的季节动态变化主要与土壤微生物代谢活性、根系分泌和凋落物有关。

土壤总碳含量随季节变化不断升高,纯林和混交林均为秋季最高(9~10月)。森林生态系统中,植被凋落物的数量和质量对土壤碳储存有着重要影响,而凋落物的输入存在明显的季节性时间格局,凋落物在秋季的产量占全年产量的 75%。无论是纯林还是混交林,土壤总磷含量的峰值出现在夏季(6~8 月),我们可以推测温度可能是影响土壤总磷代谢的关键。莫江明研究鼎湖山马尾松林、混交林和季风常绿阔叶林土壤总磷含量时发现,无论是什么林型,均表现为夏季>春季>秋季,与本书结果一致。土壤有效磷和有效钾含量在纯林夏季(6~8 月)最高,而混交林土壤有效磷含量在秋季(9~10 月)最高,混交林土壤有效钾含量在春季(5 月)最高。土壤微生物在夏季代谢旺盛,有利于土壤营养物质的积累,因此纯林在夏季出现有效磷和有效钾含量的峰值。相较于纯林,混交林下植被对有效磷和有效钾吸收速率以及土壤微生物对有效磷和有效钾释放速率的差异可能引起土壤有效磷和有效钾峰值的偏移。詹书侠的研究表明,土壤微生物种群数量减少和活性减弱,会引起磷素循环减慢,使易矿化的磷素形态向稳定的磷素形态转化,最终降低磷素有效性水平。混交后,微生物群落数量及多样性增加,从而有效磷源增加,使得有效磷含量峰值出现于秋季。高志勤的研究发现,混交林土壤有效钾含量在春季高于夏秋。

2.4.2 阔叶红松林土壤酶活性

2.4.2.1 阔叶红松林土壤酶活性的比较分析

由于混交林生境下一系列生物及非生物因素会影响土壤酶活性,如混交林内的树种类型、凋落物及根系引起的土壤养分变化都会对土壤酶活性产生影响,本书选取了广泛存在于土壤中的酸性磷酸酶、脲酶、蔗糖酶和过氧化氢酶进行研究。土壤酶活性的多因素方差分析表明,以上4种酶对月份和林型的变化十分敏感,酸性磷酸酶和脲酶对营建方式的改变敏感。有研究表明,不同林型土壤酶活性随着季节变化明显且因林分不同而异。PK 酸性磷酸酶活性显著高于 JM 和 FM,PK 和 FM 蔗糖酶活性显著高于 JM,JM 和 FM 过氧化氢酶活性显著高于 PK。何斌等人对红树土壤酶活性的研究也表明,不同植被下土壤酶活性不同,活性与植被组成有关。潘云龙等人关于杉木纯林及杉桐混交林土壤酶活性的研究表明,混交显著提高了酸性磷酸酶、脲酶和蔗糖酶的活性,同时不同林地的土壤酶活性之间存在极显著相关性。

本书比较红松林土壤酶活性时发现,红松针阔叶混交显著提高了红松土壤过氧化氢酶活性,却显著降低了胡桃楸土壤和水曲柳土壤过氧化氢酶活性。过氧化氢酶作为土壤中的氧化还原酶,与林内凋落物的分解有关,同时也参与微生物呼吸过程的物质代谢等。造成过氧化氢酶活性变化的原因可能是纯林的凋落物要少于混交林,混交林下红松土壤过氧化氢酶活性高于纯林,但同时针叶中含有大量难分解的木质素,不利于凋落物的降解,因此混交林下胡桃楸和水曲柳土壤过氧化氢酶活性显著低于相应纯林,这与杨芳的结论相同,即"易分解的阔叶林土壤过氧化氢酶活性较强,难分解的针叶林土壤过氧化氢酶活性较弱"。

酸性磷酸酶能分解土壤中的有机磷化合物,其活性一定程度上取决于土壤有效磷含量、分解有机磷的微生物和林型。本书中,针阔叶混交显著降低了红松土壤酸性磷酸酶活性,提高了胡桃楸土壤酸性磷酸酶活性。谷思玉等人的研究结果与此一致:PK 酸性磷酸酶活性要高于混交林。PK × JM/JM 有效磷含量高于相应纯林的结果解释了酸性磷酸酶活性在 PK × JM/JM 中的变化。

脲酶参与有机态氮素的分解,如能够将土壤中的尿素分解为氨和二氧化碳,为植被直接提供氮素,同时其活性与土壤微生物的数量相关。蔗糖酶活性与土壤有机质的转化有关,活性增加有利于提高土壤肥力。PK×FM/FM蔗糖酶显著低于FM。王伟波等人关于土壤酶活性的研究结果与本书的结果一致:阔叶林土壤脲酶活性高于针阔叶混交林。

2.4.2.2　阔叶红松林土壤酶活性的生长季动态变化

了解森林土壤酶活性的季节动态变化对于评估土壤质量和区域生态系统的物质循环是十分有必要的。土壤酶活性的季节动态变化主要受到环境条件(温度、湿度)、植被凋落物和植物根系分泌等影响。本书所研究的土壤酶可分为两类:一类为水解酶(酸性磷酸酶、脲酶和蔗糖酶),其参与凋落物分解阶段,增加土壤可溶性物质含量;另一类为氧化还原酶(过氧化氢酶),与水解酶共同完成分解和碳腐殖化阶段,分解和合成同时存在将降低土壤可溶性物质含量,进入腐殖质的积累过程。本书取样月份为5~10月,共6个月,包括春、夏和秋3个季节,不同月份下4种土壤酶活性均有极显著差异,说明季节对土壤酶活性有显著影响。无论是纯林还是混交林,土壤过氧化氢酶和脲酶的季节动态变化是相同的,均为秋季(9~10月)活性最高。过氧化氢酶、脲酶参与了凋落物分解和有机质合成,随着秋季土壤凋落物的输入量增大,土壤有机质含量增加,为过氧化氢酶和脲酶提供了充足的底物,使酶活性达到最大。陶宝先等人研究苏南丘陵地区土壤酶活性的季节变化特征,发现杉木人工林土壤蔗糖酶和酸性磷酸酶活性的季节动态变化为春季>夏季>秋季>冬季。本书中酸性磷酸酶和蔗糖酶活性的季节动态变化也有一定规律,无论是纯林还是混交林均表现为春季(5月)活性最高。在生长季初期,土壤表层的凋落物经历了冬季长时间的分解并积累了有机质,土壤酶活性提高。李国雷等人发现酸性磷酸酶活性和土壤有机质含量呈显著相关。通过对土壤化学成分季节动态变化的研究,我们发现对于纯林来说,总氮和碱解氮含量的季节动态变化规律与酸性磷酸酶相似,为春季(5月)含量最高。蒋晓梅等人关于桃树土壤酶活性的研究结果表明酸性磷酸酶活性与碱解氮含量呈显著正相关。

2.5　本章小结

(1)林型对土壤化学成分和酶活性有重要影响。JM 碱解氮含量显著高于 FM,PK 有效磷含量显著高于 JM,JM 有效钾含量显著高于 PK;PK 酸性磷酸酶活性显著高于 JM 和 FM,PK 和 FM 蔗糖酶活性显著高于 JM,JM 和 FM 过氧化氢酶活性显著高于 PK。

(2)营建方式对土壤化学成分和酶活性有重要影响。红松与胡桃楸混交显著提高了红松土壤有效钾和总碳含量,显著提高了胡桃楸土壤总氮和总碳含量。红松与水曲柳混交则显著降低了红松土壤总氮、总碳含量。混交显著提高了红松土壤过氧化氢酶活性,显著降低了胡桃楸和水曲柳土壤过氧化氢酶活性,显著降低了红松土壤酸性磷酸酶活性,提高了胡桃楸土壤酸性磷酸酶活性,降低了水曲柳土壤脲酶和蔗糖酶活性。

(3)季节变化对土壤化学成分和酶活性有重要影响。无论是纯林还是混交林,土壤总磷含量均在夏季最高,总碳含量均在秋季最高;纯林土壤有效磷和有效钾含量的峰值均在夏季,而混交林土壤有效磷和有效钾含量的峰值发生偏移,分别在秋季和春季。土壤酸性磷酸酶和蔗糖酶活性最高均在春季,脲酶和过氧化氢酶活性最高均在秋季。

土壤化学成分及酶活性的生长季动态分析表明,红松与水曲柳、胡桃楸分别混交后增加了红松土壤中有机物的分解和腐殖化,有利于土壤有机质的积累,却降低了红松土壤的供磷能力,增加了胡桃楸土壤的供磷能力,降低了水曲柳土壤的供碳能力。以上结果表明,针叶红松与阔叶胡桃楸混交后为双方受益效应型,即产生植物的种间促进作用。

3 人工阔叶红松林土壤微生物群落碳代谢功能多样性

3.1　研究样地及研究方法

3.1.1　样地概况

试验样地设于黑龙江省尚志市境内的东北林业大学帽儿山尖砬沟森林培育试验站,选取 3 个人工纯林和 2 个人工混交林,分别为红松纯林、胡桃楸纯林、红松和胡桃楸混交林、水曲柳纯林、红松和水曲柳混交林。混交为带状混交,株行距为 1.5 m×2.0 m,各混交林试验林型之间被次生林间隔。各林分处于同一地块,坡度平均为 7°。

3.1.2　土壤样品采集与处理

完成样地设置后,于 7 月对 7 种土壤(PM、JM、PK×JM/JM、PK×JM/PK、FM、PK×FM/FM、PK×FM/PK)进行取样,在每个样地随机选取 3 个 10 m×20 m 的样方,作为 3 次重复,运用"10 点"取样法在各个样方进行取样,去除地表凋落物层,在样方内采集土层 0～10 cm 土壤样品,分别将在每块样方内采集的土样混匀,去掉土壤中可见动植物残体和植物根系。将采集的土样与冰袋同时存放并迅速带回实验室,将土样立即过 2 mm 土壤筛,进行 Biolog 试验。

3.1.3　研究方法

微生物群落碳代谢功能多样性采用有 31 种碳源的生态板对 PK、JM、PK×JM/JM、PK×JM/PK、FM、PK×FM/FM、PK×FM/PK 进行分析。用 8 通道加样器向 Biolog 平板中分别添加 150 μL 稀释液。放于 25 ℃ 恒温培养箱中,在 0 h、24 h、48 h、72 h、96 h、120 h、144 h、168 h、192 h、216 h、240 h 时用酶标仪测定各孔在 590 nm 波长下的吸光值。

3.2　数据处理及统计分析

根据相关文献提供的公式计算以下指标。

(1)颜色平均变化率(average well color development, AWCD),该指标代表微生物的代谢强度,即利用单一碳源的水平。

$$AWCD = \sum (OD_i - OD)/31$$

其中,OD_i是第 i 个碳源孔的吸光值,OD 为对照孔的吸光值。

(2)多样性指数 Shannon,该指标代表了物种的丰富度。

$$H = -\sum P_i \times \ln P_i$$

其中,P_i 为第 i 个孔的相对吸光值与整个平板的相对吸光值总和的比。

(3)优势度指数 Simpson,该指标可以评估某些最常见物种的优势度。

$$D = 1 - \sum P_i^2$$

其中,P_i 为第 i 个孔的相对吸光值与整个平板的相对吸光值总和的比。

(4)均匀度指数 McIntosh,该指标可以代表群落物种均匀度。

$$U = \sqrt{\sum n_i^2}$$

其中,n_i 是第 i 个孔的相对吸光值。

(2)、(3)、(4)选用数据为培养了 72 h 的 Biolog 板各孔吸光值,因为此刻几乎所有微生物都已进入碳源代谢过程,所以此时的数据能够全面反映微生物群落的信息。

3.3　结果与分析

3.3.1　阔叶红松林土壤微生物群落利用总碳源的动力学特征

通过测定 Biolog 板中每个孔的吸光值来计算 AWCD,AWCD 能够表征待测土壤样本中微生物群落对某一种碳源的利用情况,反映了微生物群落碳代谢生理功能。根据不同人工针阔叶林土壤微生物群落在整个培养周期过程中的代谢强度,绘制了 *AWCD* 随时间动态变化曲线(图 3 - 1)。

由图 3 - 1 可知,在整个培养周期过程中,不同林型下土壤微生物群落碳源利用趋势均呈"S"形,*AWCD* 会随着培养时间的延长而增加,最后趋于不变。*AWCD* 在培养初期(0 ~ 24 h)变化甚小,说明土壤微生物未适应当下的生存环境,对碳源底物的利用率低。随着土壤微生物对环境的不断适应,*AWCD* 呈现快速增长,说明土壤微生物群落对碳源底物的利用率不断提高。培养后期,*AWCD* 增长缓慢,最后趋于不变。由图 3 - 1(A)可知,在培养 72 h 时,PK 的 *AWCD* < PK × JM/PK 的 *AWCD*、JM 的 *AWCD* > PK × JM/JM 的 *AWCD*、JM 的 *AWCD* > PK 的 *AWCD*,表明 JM 的土壤微生物群落碳代谢活性高于 PK,PK 的土壤微生物群落碳代谢活性低于 PK × JM/PK,而且 JM 的土壤微生物群落碳代谢活性高于 PK × JM/JM;培养后期,PK 的 *AWCD* > PK × JM/PK 的 *AWCD*、JM 的 *AWCD* > PK × JM/JM 的 *AWCD*。

由图 3 - 1(B)可知,在整个培养过程中,PK 的 *AWCD* > PK × FM/PK 的 *AWCD*、FM 的 *AWCD* > PK × FM/FM 的 *AWCD*,表明与纯林相比,红松和水曲柳混交会降低土壤微生物群落碳代谢活性。

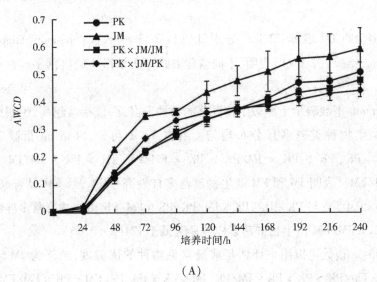

(A)

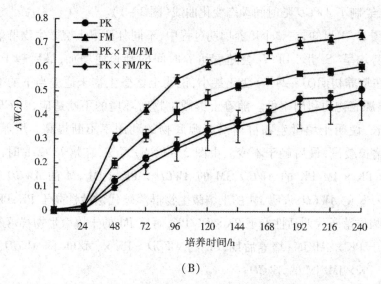

图 3 - 1 阔叶红松林土壤微生物群落 *AWCD* 随着培养时间变化

3.3.2 阔叶红松林土壤微生物群落多样性指数分析

根据 *AWCD*（培养 72 h），分别计算以下 3 种指数：Shannon、Simpson 和 McIntosh。结果（表 3 - 1）表明，不同营建方式下土壤微生物群落多样性指数有所不同。

Shannon 指数表示土壤微生物群落的物种丰富度，该指数越高，说明该条件下土壤微生物种类越多且分布均匀。由表 3 - 1 可知，Shannon 指数表现为 FM > JM > PK、PK > PK × JM/PK > PK × FM/PK、JM > PK × JM/JM、FM > PK × FM/FM。表明 JM 和 FM 微生物群落多样性高于 PK，且 FM 显著高于 PK 和 JM（$p < 0.05$）；与 PK 相比，PK × JM/PK、PK × FM/PK 微生物群落多样性均降低，且 PK × FM/FM 微生物群落多样性显著低于 FM（$p < 0.05$）。

Simpson 指数可以用来评估某些最常见物种的优势度，结果为 JM > PK > FM、PK × FM/PK > PK > PK × JM/PK、JM > PK × JM/JM、FM < PK × FM/FM，表明 JM 常见菌群优势度高于 PK，但 FM 却与此相反，显著低于 PK（$p < 0.05$）；与 PK 相比，PK × JM/PK 常见菌群的优势度降低，而 PK × FM/PK 亦会降低，但均未达到显著水平（$p > 0.05$）；与 JM 和 FM 相比，PK × JM/JM 常见菌群的优势度降低

($p > 0.05$),但 PK × FM/FM 会显著提高($p < 0.05$)。

McIntosh 指数表示土壤微生物群落物种均匀度,结果为 FM > JM > PK、PK × JM/PK > PK > PK × FM/PK、JM > PK × JM/JM、FM > PK × FM/FM,表明 FM 和 JM 微生物群落物种均匀度显著高于 PK($p < 0.05$);与 PK 相比,PK × JM/PK 微生物群落物种均匀度显著提高($p < 0.05$),然而 PK × FM/PK 降低,但未达到显著水平($p > 0.05$);与 JM 和 FM 相比,PK × JM/JM 和 PK × FM/FM 微生物群落物种均匀度显著降低($p < 0.05$)。

表 3 - 1　培养 72 h 的土壤微生物群落多样性指数

处理	Shannon 指数	Simpson 指数	McIntosh 指数
PK	2.87 ± 0.04abc	0.93 ± 0.01cd	1.56 ± 0.22a
JM	3.15 ± 0.03c	0.95d	2.80 ± 0.24b
PK × JM/JM	2.99 ± 0.11bc	0.94 ± 0.01cd	1.38 ± 0.10a
PK × JM/PK	2.68 ± 0.01ab	0.92c	2.71 ± 0.10b
FM	4.56 ± 0.28e	0.81 ± 0.04a	4.50 ± 0.34c
PK × FM/FM	3.63 ± 0.23d	0.87 ± 0.01b	2.98 ± 0.20b
PK × FM/PK	2.56 ± 0.40a	0.95 ± 0.01d	1.13 ± 0.34a

注:各指标为每个处理 3 次重复的平均值 ± 标准差。不同小写字母代表样本间差异显著性($p < 0.05$)。

3.3.3　阔叶红松林土壤微生物群落对 6 类碳源的利用强度

6 类碳源由胺类、氨基酸类、羧酸类、其他化合物类、聚合物类和糖类组成,包括 31 种碳源类型。整体而言,阔叶红松林土壤微生物群落对糖类、羧酸类和氨基酸类的利用程度明显高于其他 3 类。

由图 3 - 2(A)可知,JM 微生物群落对氨基酸类、羧酸类、聚合物类和糖类的利用程度显著高于 PK;PK × JM/PK 对胺类、其他化合物类和聚合物类的利用程度低于 PK($p > 0.05$),而对氨基酸类、羧酸类和糖类的利用程度高于 PK,且前两种达到显著水平($p < 0.05$);PK × JM/JM 微生物群落对 6 类碳源的利用程度均低于 JM,且其中对氨基酸类、羧酸类、聚合物类和糖类达到显著水平($p < 0.05$)。

由图 3 - 2(B)可知,FM 微生物群落对 6 类碳源的利用程度均显著高于 PK

($p < 0.05$);PK×FM/PK 微生物群落对胺类的利用程度高于 PK,但未达到显著水平($p > 0.05$),对其他 5 种碳源的利用程度均低于 PK,其中氨基酸类达到显著水平($p < 0.05$);PK×FM/FM 微生物群落对氨基酸类的利用程度高于 FM,但未达到显著水平($p > 0.05$),对其他 5 种碳源的利用程度均低于 FM,其中胺类、羧酸类和糖类达到显著水平($p < 0.05$)。

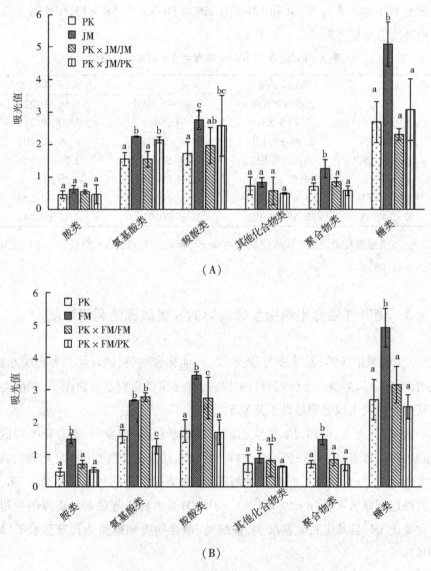

图 3-2 阔叶红松林土壤微生物对不同碳源的利用程度

3.3.4　阔叶红松林土壤微生物群落碳源利用主成分分析

主成分分析通过降维的方法来把不同样本的多元向量变换成互不相关的主元向量,各点的位置就能够直接地将不同样本的土壤微生物群落的代谢特征反映出来。本书从 31 种因子中提取出 3 个主成分因子,分别解释所有变量方差的 28.9%、14.8%、10.2%,其中 PC1 和 PC2 的累积贡献率达到 43.7%,说明 PC1 和 PC2 是变异的主要来源,基本可以用来解释变量的大部分信息。

表 3 - 2　主成分的贡献率和累积贡献率

主成分因子	贡献率/%	累积贡献率/%
PC1	28.9	28.9
PC2	14.8	43.7
PC3	10.2	53.9

由图 3 - 3 可知,在 PC1 轴上,JM、PK × JM/PK、FM 和 PK × FM/FM 分布在正方向上,得分系数为 1.08 ~ 3.54,PK、PK × JM/JM 和 PK × FM/PK 分布在负方向上,得分系数为 - 0.60 ~ - 0.16。在 PC2 轴上,PK × JM/PK 和 PK × FM/FM 分布在正方向上,得分系数为 0.64 ~ 2.21;PK、JM、PK × JM/JM、FM 和 PK × FM/PK 分布在负方向上,得分系数为 - 0.56 ~ - 0.27。

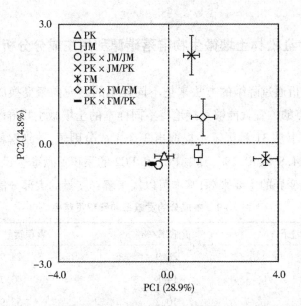

图 3 - 3　阔叶红松林土壤微生物群落碳源利用主成分分析

主成分分析中的因子载荷可以反映不同碳源利用的差异,绝对值越大表明该基质的影响越大。PC1 载荷在 0.5 以上的有 16 种碳源,分属于羧酸类(5 种)、氨基酸类(3 种)、糖类(2 种)、胺类(2 种)、其他化合物类(2 种)和聚合物类(2 种);PC2 载荷在 0.5 以上的有 8 种,分属于氨基酸类(2 种)、羧酸类(2 种)、糖类(2 种)、其他化合物类(1 种)和聚合物类(1 种)。可见表 3 - 3。由此可知,PC1、PC2 载荷高的基质能够解释大部分阔叶红松林土壤微生物群落碳源利用的差异,其中占权重较大的基质分别来自羧酸类、氨基酸类和糖类。因此,可以认为本书中羧酸类、氨基酸类和糖类是导致微生物群落代谢呈现差异的碳源。

表 3 - 3 31 种碳源与 PC1、PC2 的相关系数

碳源类别	碳源	PC1	PC2
胺类	腐胺	0.794	− 0.342
	苯乙胺	0.571	0.137
氨基酸类	甘氨酰 − L − 谷氨酸	0.717	− 0.267
	L − 苏氨酸	0.563	0.784
	L − 丝氨酸	0.471	− 0.004
	L − 苯丙氨酸	0.695	0.581
	L − 天门冬酰胺	0.292	0.231
	L − 精氨酸	0.395	0.100
羧酸类	D − 苹果酸	0.363	− 0.229
	α − 丁酮酸	0.564	0.415
	衣康酸	0.545	− 0.455
	γ − 羟丁酸	0.755	− 0.089
	4 − 羟基苯甲酸	0.331	− 0.077
	2 − 羟基苯甲酸	0.188	0.882
	D − 半乳糖醛酸	0.518	0.403
	D − 半乳糖酸 − γ − 内酯	0.696	− 0.412
	D − 葡糖胺酸	− 0.004	0.510
其他化合物类	1 − 磷酸葡萄糖	0.737	0.301
	D, L − α − 磷酸甘油	0.307	− 0.515
	丙酮酸甲酯	0.875	− 0.143
聚合物类	吐温 40	0.661	− 0.516
	吐温 80	0.746	− 0.170
	α − 环式糊精	0.472	− 0.091
	肝糖	0.242	− 0.071
糖类	D − 纤维二糖	0.360	− 0.516
	α − D − 乳糖	0.101	0.648
	B − 甲基 − D − 葡萄糖苷	− 0.092	0.027
	D − 木糖/戊醛糖	0.728	0.343
	L − 赤藓糖醇	0.365	0.028
	D − 甘露醇	0.696	− 0.070
	N − 乙酰 − D − 氨基葡萄糖	0.172	0.223

3.4　讨论

3.4.1　阔叶红松林土壤微生物群落碳代谢功能多样性

以 Biolog 法分析人工针阔叶混交林的土壤微生物群落变化特性,以及土壤微生物群落对多种碳底物的不同利用类型和程度来反映微生物群落的功能多样性,结果表明,针叶林和阔叶林之间、混交林和其相应纯林之间的根际土壤微生物群落的活性存在明显差异。从土壤微生物群落的整体活性变化来看,$AWCD$ 变化幅度就能很好地反映土壤微生物群落利用碳源的能力以及微生物群落整体的代谢活性,一般情况下,$AWCD$ 变化幅度越大,微生物群落利用碳源的能力越强,微生物丰富度亦越高。$AWCD$ 的变化幅度与林型有关,尤其是植被凋落物的种类和数量以及根系分泌物的成分会干扰土壤微生物群落的代谢活动,这是影响土壤微生物群落活性的主要因素。也有研究人员认为,森林土壤有机碳含量会影响到 $AWCD$ 变化,造成了阔叶林高于针叶林的结果。本书中,水曲柳和胡桃楸纯林的 $AWCD$ 均高于红松纯林,表明阔叶林土壤微生物群落代谢活性高于针叶林,出现这一结果与凋落物、根系分泌物等有很大关系。一般情况下,阔叶林植物凋落物的数量高于针叶林,而且阔叶林根系数量,尤其是细根数量,以及根系代谢活性均高于针叶林。相较于纯林,红松与胡桃楸混交下胡桃楸和红松与水曲柳混交下水曲柳土壤 $AWCD$ 均有所降低,表明与红松混交会降低胡桃楸和水曲柳土壤微生物群落代谢活性。刘继明等人也发现了相似的现象:阔叶林土壤微生物群落对碳源的代谢能力强于混交林。这一现象可能与地表凋落物性质以及其分解速度影响土壤表层微生物群落活性有关。不同针阔叶混交林土壤微生物群落活性变化不同,混交可能对土壤微生物群落活性产生促进作用或抑制作用,促进作用可能是凋落物混合为分解者提供更为有利的微环境,而抑制作用可能是不同凋落物在混合分解过程中释放了一些次级化合物抑制凋落物分解。

土壤微生物群落多样性可以用 Shannon 指数、Simpson 指数和 McIntosh 指数来衡量。本书表明,JM 和 FM 微生物群落多样性和均匀度均高于 PM,这与张俊艳的研究结果一致,JM较高的原因可能是,胡桃楸根系向土壤中分泌大量有机质,其残体也提供了丰富的有机质。红松与胡桃楸或水曲柳混交均能够显著降低红松土壤微生物群落的多样性。这与谢英荷等人所得结论相反,混交林并未在提高微生物群落多样性方面起到促进作用。

3.4.2　阔叶红松林土壤微生物群落主要利用碳源

主成分分析能够解释阔叶红松林土壤微生物群落对碳源利用的差异。笔者发现,无论是针、阔叶纯林,还是针阔叶混交林,其土壤微生物群落主要利用的碳源类型均为糖类、羧酸类和氨基酸类。JM微生物群落对氨基酸类、羧酸类、糖类和聚合物类的利用程度显著高于PK微生物群落,FM对6类碳源的利用程度均显著高于PM,这可能是JM和FM微生物群落碳代谢活性高于PM的原因之一。PM×JM/JM对氨基酸类、羧酸类、聚合物类和糖类利用程度显著低于JM,而PK×FM/FM对胺类、羧酸类、聚合物类和糖类的利用程度显著低于FM,这可能造成混交后胡桃楸和水曲柳土壤微生物群落碳代谢活性显著低于相应纯林。羧酸类中有5种碳源、氨基酸类中有3种碳源、糖类中有2种碳源使不同人工林型土壤微生物群落碳代谢功能在PC1上呈现差异;除氨基酸类、羧酸类和糖类,聚合物类中有1种碳源、其他化合物类中有1种碳源使阔叶红松林土壤微生物群落碳代谢功能在PC2上呈现差异。因此可以发现,氨基酸类、羧酸类和糖类利用程度的不同是造成红松和胡桃楸混交林与相应纯林土壤微生物群落碳代谢功能差异的主要原因。6类碳源中,氨基酸类、羧酸类和糖类是PC1、PC2载荷高的基质,说明这3类物质是土壤微生物群落碳代谢功能多样性变化的敏感碳源。

3.5　本章小结

(1)阔叶林(胡桃楸、水曲柳)土壤微生物群落碳代谢活性高于针叶林(红松)。人工针阔叶混交林及纯林土壤微生物群落利用的主要碳源类型为糖类、羧酸类和氨基酸类,利用碳源类型和程度的不同是土壤微生物群落代谢活性差异的原因之一。

（2）与红松混交会降低胡桃楸和水曲柳土壤微生物群落碳代谢活性及多样性，反之，亦会降低红松土壤微生物群落碳代谢功能多样性，若需选择，和胡桃楸混交降低程度稍低，可将其作为混交对象。在林地经营方式和树种选择上应该合理配套，以实现其最大的生态价值。

4 人工阔叶红松林土壤细菌群落结构及多样性

4.1 研究样地及研究方法

4.1.1 样地概况

试验样地设于黑龙江省尚志市境内的东北林业大学帽儿山尖砬沟森林培育试验站,选取 3 个人工纯林和 2 个人工混交林,分别为红松纯林、胡桃楸纯林、红松和胡桃楸混交林、水曲柳纯林、红松和水曲柳混交林。混交为带状混交,株行距为 1.5 m×2.0 m,各混交林试验林型之间被次生林间隔。各林分处于同一地块,坡度平均为 7°。

4.1.2 研究方法

完成样地设置后,对 5 种林型所对应的 7 种土壤(PK、JM、FM、PK×JM/PK、PK×JM/JM、PK×FM/PK、PK×FM/FM)进行取样,在每个样地随机选取 3 个 10 m×20 m 的样方,作为 3 次重复,运用"10 点"取样法在各个样方进行取样,去除地表凋落物层,在样方内采集土层 0~10 cm 土壤样品,分别将在每块样方内采集的土样进行混匀处理,去掉土壤中可见动植物残体和植物根系。将采集的土样与冰袋同时存放并迅速带回实验室,将土样立即过 2 mm 土壤筛,放于 −80 ℃中保存,待提取土壤 DNA。

4.1.2.1 土壤微生物基因组 DNA 提取

本试验使用强力土壤 DNA 提取试剂盒进行土壤微生物基因组 DNA 的提取。

4.1.2.2 细菌 16S rRNA PCR 扩增

(1)目标扩展区域

V3~V4。

（2）引物序列

引物1:5' – ACTCCTACGGGAGGCAGCAG – 3'

引物2:5' – GGACTACHVGGGTWTCTAAT – 3'

（3）PCR 反应体系

5 × Fast Pfu	4 μL
2.5 mmol/L dNTP	2 μL
引物1 (5 mmol/L)	0.8 μL
引物2 (5 mmol/L)	0.8 μL
模板 DNA	10 ng
Fast Pfu 聚合酶	0.4 μL
ddH$_2$O	补足至 20 μL

（4）PCR 反应程序

95 ℃, 5 min

95 ℃, 30 s

55 ℃, 30 s   } 27 个循环

72 ℃, 45 s

72 ℃, 5 min

10 ℃保存

为了避免假阳性结果，PCR 扩增过程需要做对照，即无模板 DNA。每个样本3次重复，将同一样本的 PCR 产物混合。

（5）PCR 产物检测及定量

将同一样本的产物用2%琼脂糖凝胶电泳检测，使用 DNA 凝胶回收试剂盒回收 PCR 产物，Tris – HCl 洗脱，2%琼脂糖凝胶电泳检测。根据电泳初步定量结果，将 PCR 产物用 QuantiFluor^{TM} – ST 蓝色荧光定量系统进行检测定量，之后按照每个样本的测序量要求，进行相应比例的混合。

4.1.2.3 高通量测序数据处理及分析

（1）测序数据处理流程

处理流程见图 4 – 1。

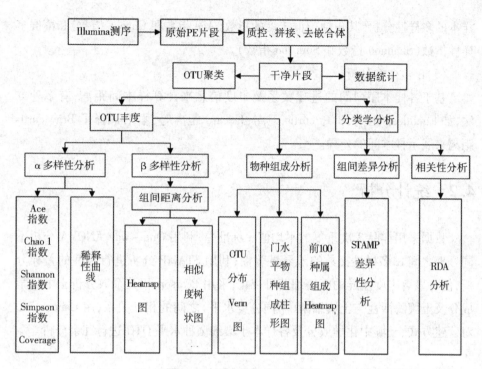

图 4 - 1　测序数据处理流程图

（2）OTU 聚类分析

OTU 是在系统发生学或群体遗传学研究中，为了便于进行分析，人为给某一个分类单元（品系、属、种等）设置的同一标志。要了解一个样本测序结果中的菌种、菌属等数目信息，就需要对序列进行归类操作（Cluster）。通过归类操作，将序列按照彼此的相似性归为许多小组，一个小组就是一个 OTU。可根据不同的相似度水平，对所有序列进行 OTU 划分，通常对 97% 相似水平的 OTU 进行生物信息统计分析。

（3）分类学分析

为了得到每个 OTU 对应的物种分类信息，采用 RDP classifier 贝叶斯算法对 97% 相似水平的 OTU 代表序列进行分类学分析，并分别在各个分类水平统计各样本的群落组成。对比数据库为 Silva 数据库（Release119）。软件及算法为 QIIME 平台。

（4）α 多样性分析

利用 97% 相似水平的 OTU 制作稀释性曲线，同时应用 MOTHUR 软件进行样本的多样性分析,其包括菌群丰度的指数(Ace 指数和 Chao 1 指数)和菌群多样性指数(Shannon 指数和 Simpson 指数)。

(5)β 多样性分析

基于各样本序列间的进化关系及丰度信息来计算样本间距离,有多种方法,如 Euclidean 距离、Bray curtis 距离、Jaccard 距离等,本书选择了 Bray curtis 距离来展示样本间的差异。

4.2 统计分析

数据采用样品 3 次重复的平均值 ± 标准差;利用 One – way ANOVA 分析不同处理之间 α 多样性指数的差异显著性;利用 STAMP 分析进行组间的差异分析,使有显著丰度差异的土壤细菌可视化;采用 Pearson 相关系数分析土壤化学成分及土壤酶活性与土壤细菌(不同分类水平)之间的相互关系;用 Canoco 5.0 对营建方式、土壤中化学成分及各样本土壤细菌种水平 OTU 进行冗余分析。

4.3 结果与分析

4.3.1 阔叶红松林土壤细菌测序深度检测

稀释性曲线是从样本中随机抽取一定数量的个体,统计这些个体所代表的物种数目,并以个体数与物种数来构建的。它可以用来比较测序数据量不同的样本中的物种丰度,也可以用来说明样本的测序数据量是否合理。由图 4 – 2 可知,各处理所对应的稀释性曲线随着抽取序列数的增加,最终趋于稳定,说明抽取更多的序列并不能获得更多的 OTU,进而说明测序数量是合理的,测序深度足够代表整个样本。

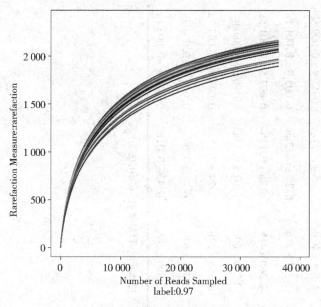

图 4 - 2 各样本的稀释性曲线

4.3.2 阔叶红松林土壤细菌群落丰度及多样性

由表 4 - 1 可知,所有样本基于最小序列数量进行抽平。测序的覆盖度达到了98%,这表明测序结果能够较好地反映该样本内的细菌群落多样性与结构。比较丰度指数 Ace 和 Chao 1 可知,针阔叶混交林中红松(PK × JM/PK 和 PK × FM/PK)的丰度指数高于 PK 的丰度指数,PK × JM/PK 的丰度指数分别为 2 331 和 2 351,PK × FM/PK 的丰度指数分别为 2 334 和 2 360,而 PK 则分别为 2 303 和 2 329;同时针阔叶混交林中的胡桃楸(PK × JM/JM)和水曲柳(PK × FM/FM)丰度指数高于相应纯林(JM 和 FM)的丰度指数,PK × JM/JM 的丰度指数分别为 2 342 和 2 355,显著高于 JM,为 2 228 和 2 253,PK × FM/FM 的丰度指数分别为 2 362 和 2 390,FM 则为 2 348 和 2 357。结合多样性指数 Shannon 和 Simpson 的结果可知,针阔叶林混交提高了土壤细菌群落多样性,PK × FM/PK 的多样性显著高于 PK,PK × JM/JM 的多样性显著高于 JM。

表 4 - 1　阔叶红松林下土壤细菌群落丰度及多样性指数

处理	OTU	Ace	Coverage	Chao 1	Shannon	Simpson
PK	2 015 ±72ab	2 303 ±49ab	0.989	2 329 ±40ab	6.05 ±0.27a	0.001 39 ±0.009 80b
PK×JM/PK	2 057 ±76bc	2 331 ±86bc	0.989	2 351 ±71b	6.28 ±0.12ab	0.005 9 ±0.001 1a
PK×FM/PK	2 093 ±18bc	2 334 ±23bc	0.989	2 360 ±45b	6.26 ±0.11b	0.007 5 ±0.001 5a
JM	1 937 ±35a	2 228 ±28a	0.989	2 253 ±60a	6.07 ±0.13a	0.009 ±0.003ab
PK×JM/JM	2 142 ±26c	2 342 ±34c	0.989	2 355 ±23b	6.24 ±0.05b	0.007 8 ±0.000 7a
FM	2 108 ±29c	2 348 ±34bc	0.990	2 357 ±67b	6.41 ±0.06b	0.004 6 ±0.000 3a
PK×FM/FM	2 128 ±23c	2 362 ±24bc	0.990	2 390 ±16b	6.43 ±0.01b	0.004 8 ±0.000 1a

注：各指标为每个处理 3 次重复的平均值 ±标准差。不同小写字母代表样本间差异显著性($p < 0.05$)。

4.3.3 阔叶红松林土壤细菌群落结构

在门水平进行群落结构分析,如图4-3和图4-4所示,所有测得序列属于细菌的38个门,其中主要包括 Proteobacteria、Actinobacteria、Acidobacteria、Verrucomicrobia(疣微菌门)、Chloroflexi(绿弯菌门)、Nitrospirae(硝化螺旋菌门)、Bacteroidetes(拟杆菌门)、Gemmatimonadetes(芽单胞菌门)和 Planctomycetes(浮霉菌门),其所在比例分别为32.27%、22.82%、17.18%、8.99%、6.67%、3.84%、3.51%、1.71%和1.24%。而这些主要的菌门中,Proteobacteria、Actinobacteria、Acidobacteria、Verrucomicrobia、Chloroflexi 占了全部序列的87.93%,这些菌门在森林土壤中曾被报道为优势菌群。这表明,即使林型和营建方式不同,但位于同一生境的土壤微生物的主要菌群是相似的。在这38个菌门中,WCHB1-60、Cyanobacteria、Parcubacteria 和 Armatimonadetes 等为劣势菌群,其所占比例低于0.5%。

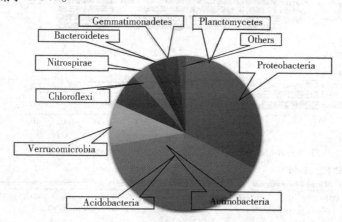

图4-3 细菌门水平分类组成

在门水平进行细菌群落结构分析,结果(图4-4)表明,不同样本有着相似的群落结构,如 Proteobacteria 在7个处理(21个样本)中所占比例均为最高,其比例范围为30.52%~37.62%,因此,Proteobacteria 为阔叶红松林土壤细菌的优势菌群,在各个林型土壤细菌群落结构中占主导位置。分别比较 PK 与 PK×JM/PK 及 PK×FM/PK 间细菌群落结构可知,主要的菌门相似,均为 Proteobacteria、Actinobacteria、Acidobacteria、Verrucomicrobia、Chloroflexi、Nitrospirae、Bacteroidetes、Gemmatimonadetes，比例虽有不同，但未达到显著水平，表明在门水平上混交这一方式对土壤细菌主要群落结构的影响不显著；分别比较 JM 与 PK × JM/JM 和 FM 与 PK × FM/FM 的细菌群落结构，主要优势菌门与 PK 相似，而 PK × JM/JM 的 Chlorobi(0.08%)、Bacteria_unclassified(0.13%)和 Elusimicrobia (0.14%)显著高于 JM 下相应菌门，PK × FM/FM 的 Saccharibacteria(0.12%)显著高于 FM 下该菌门的丰度。

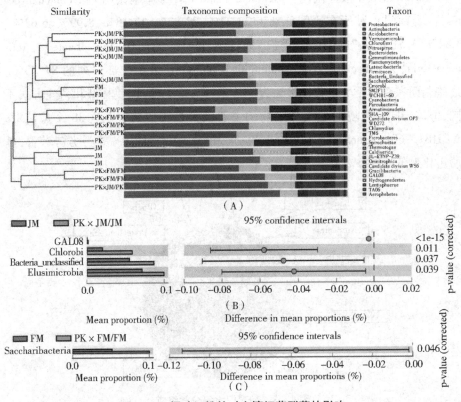

图 4 - 4　阔叶红松林对土壤细菌群落的影响

注：(A)在门水平下各样本细菌群落组成；(B)和(C)为 STAMP 分析不同处理在门水平的细菌群落差异。

在纲水平进行细菌群落结构分析，结果(图 4 - 5)表明，不同处理间有一些菌纲丰度差异显著。比较 PK 与 PK × JM/PK 的细菌群落结构，PK × JM/PK 的 Clostridia 丰度(0.032%)和 Gammaproteobacteria 丰度(2.20%)显著高于 PK 下相应菌纲，而 PK × JM/PK 的 Planctomycetes_unclassified 丰度(0.018%)和

Parcubacteria_norank丰度(0.020%)显著低于PK下相应菌纲。PK与PK×FM/PK细菌群落结构相比较发现,PK×FM/PK的Planctomycetes_unclassified丰度(0.001 8%)显著低于PK下该菌纲,而PK×FM/PK的S085丰度(0.36%)、Flavobacteriia(0.27%)和Chloroflexia丰度(0.30%)显著高于PK下相应菌纲。比较JM和PK×JM/JM的细菌群落结构,PK×JM/JM的一些菌纲丰度显著高于JM下相应菌纲,如OM190(0.50%)、S085(0.26%)、Bacteria_unclassified(0.13%)、Elusimicrobia(0.15%)等,PK×JM/JM的Ktedonobacteria丰度(0.26%)、TK10丰度(0.62%)、JG37-AG-4丰度(0.17%)和Flavobacteriia丰度(0.23%)显著低于JM下相应菌纲。FM和PK×FM/FM细菌群落结构相比较发现,PK×FM/FM的5个菌纲的丰度显著高于FM下相应菌纲,分别为JG37-AG-4(0.90%)、Flavobacteriia(0.89%)、TA18(0.03%)、JG30-KF-CM66(0.38%)和Saccharibacteria_norank(0.12%)。

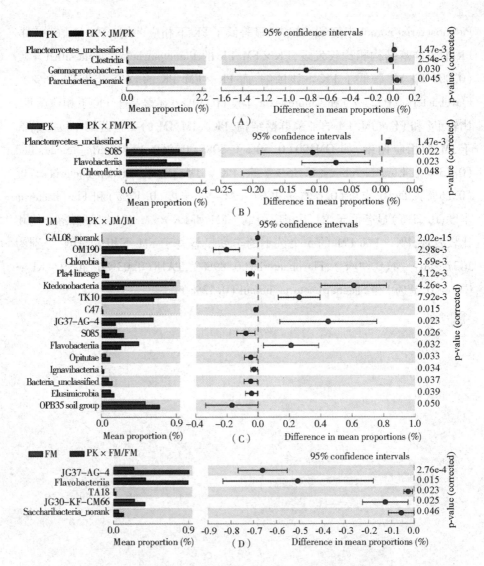

图 4-5 STAMP 分析不同处理在纲水平的细菌群落差异

Heatmap 分析是在属(genus)水平下进行的,其利用颜色梯度及相似程度来反映各样本在所选分类水平上群落组成的相似性和差异性。如图 4-6 所示,针阔叶混交这一方式对红松、胡桃楸和水曲柳土壤细菌群落均产生了一定影响。

一方面针阔叶混交促进了一些细菌菌属的生长,其丰度显著高于相应纯林。就红松林而言,PK × JM/PK 的 *Xanthomonadales Incertae Sedis_uncultured* 丰度(0.21%)、*Acidibacter* 丰度(0.29%)、*Lysinimonas* 丰度(0.16%)、*Phyllobacteriaceae_unclassified* 丰度(0.19%)和 *Kineosporiaceae_unclassified* 丰度(0.28%)显著高于 PK 下相应菌属,PK × FM/PK 的 *BIrii41_norank* 丰度(0.19%)、*Flavobacterium* 丰度(0.23%)、*Rhodanobacter* 丰度(0.22%)、*Nitrosomonadaceae_uncultured* 丰度(2.94%)、*S085_norank* 丰度(0.37%)、*Micromonosporaceae_unclassified* 丰度(0.18%)、*Cytophagaceae_uncultured* 丰度(0.30%)和 *Desulfurellaceae_uncultured* 丰度(0.20%)显著高于 PK 下相应菌属。就胡桃楸林而言,PK × JM/JM 的 *Betaproteobacteria_unclassified* 丰度(0.22%)、*Subgroup 6_norank* 丰度(7.39%)、*Actinobacteria_unclassified* 丰度(0.32%)、*OM190_norank* 丰度(0.50%)、*Terrimonas* 丰度(0.41%)、*288-2_norank* 丰度(0.27%)、*Xanthomonadales Incertae Sedis_uncultured* 丰度(0.19%)、*Lysinimonas* 丰度(0.19%)、*Comamonadaceae_unclassified* 丰度(0.35%)、*S085_norank* 丰度(0.26%)、*Actinobacteria_norank* 丰度(4.03%)、*TRA3-20_norank* 丰度(0.52%)、*Xanthomonadales_uncultured* 丰度(0.69%)、*Subgroup 17_norank* 丰度(0.89%)和 *OPB35 soil group_norank* 丰度(0.69%)显著高于 JM 下相应菌属。就水曲柳而言,PK × FM/FM 的 *JG37-AG-4_norank* 丰度(0.90%)、*Flavobacterium* 丰度(0.83%)、*Lysinimonas* 丰度(0.28%)、*Rhodanobacter* 丰度(0.14%)、*JG30-KF-CM66_norank* 丰度(0.38%)和 *Acidobacteriaceae（Subgroup 1）_uncultured* 丰度(1.30%)显著高于 FM 下相应菌属。

另一方面,针阔叶混交抑制了一些细菌菌属的生长,其丰度显著低于相应纯林。对于红松而言,PK × JM/PK 的 100 个优势菌的丰度并没有显著降低,而 PK × FM/PK 的 *480-2_norank* 丰度(1.08%)显著低于 PK 下该菌属。对胡桃楸而言,PK × JM/JM 的 *Rhodanobacter* 丰度(0.15%)、*Chitinophagaceae_unclassified* 丰度(0.17%)、*HSB OF53-F07_norank* 丰度(0.20%)、*Chitinophagaceae_uncultured* 丰度(0.98%)、*Subgroup 2_norank* 丰度(0.58%)、*Kineosporiaceae_unclassified* 丰度(0.27%)、*Acidothermus* 丰度(1.37%)、*Jatrophihabitans* 丰度(0.56%)、*TK10_norank* 丰度(0.62%)、*Flavobacterium* 丰度(0.17%)、*JG37-AG-4_norank* 丰度(0.17%)和 *Nitrosomonadaceae_unclassified* 丰度(0.21%)显著低于 JM 下相应菌属。对水曲柳而言,PK × FM/FM 的 *288-2_norank* 丰度(0.17%)、*Actinobacteria_unclassified* 丰度(0.26%)、*Pseudonocardia* 丰度

（0.46%）、*Betaproteobacteria_unclassified* 丰度（0.16%）、*Solirubrobacter* 丰度（0.20%）和 *Bacillus* 丰度（0.14%）显著低于 FM 下相应菌属。

4.3.4 阔叶红松林土壤细菌种水平 OTU 的关系

Venn 图（图 4 - 7）揭示了各处理下全部可观察到的细菌种水平 OTU。对于红松林（包括纯林及 2 个混交林），共得到 413 个 OTU。其中，PK 含有 132 个细菌种；PK×JM/PK 含有 141 个细菌种；PK×FM/PK 含有 140 个细菌种。说明针阔叶混交这一方式提高了红松土壤细菌群落多样性。PK、PK×JM/PK 和 PK×FM/PK 含有 79 个共同 OTU，同时分别含有 31、38 和 37 个特有 OTU。对于胡桃楸林和水曲柳林（分别包括纯林及 1 个混交林），分别共得到 279 和 274 个 OTU。其中 JM 含有 140 个细菌种；PK×JM/JM 含有 139 个细菌种；FM 含有 139 个细菌种；PK×FM/FM 含有 135 个细菌种。JM 和 PK×JM/JM 含有 92 个共同 OTU，同时分别含有 48 和 47 个特有 OTU；FM 和 PK×FM/FM 含有 88 个共同 OTU，同时分别含有 51 和 47 个特有 OTU。由此可知，不同营建方式下的同种林型有其特定的细菌种，而不同营建方式也引起了土壤细菌种的差异。

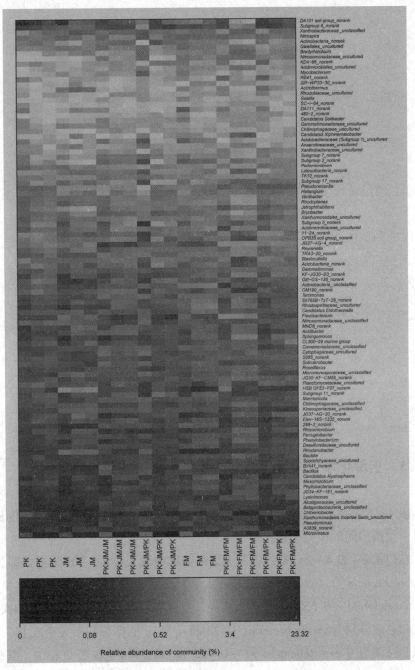

图4-6 Heatmap 分析各样本的100个优势菌

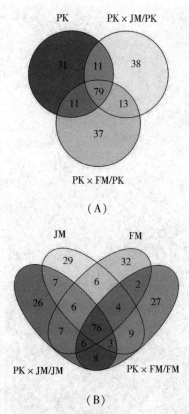

（A）

（B）

图4-7 阔叶红松林土壤细菌种水平OTU的关系

4.3.5 土壤化学成分及土壤酶活性对优势细菌菌门的影响

表4-2和表4-3展示了6种土壤化学成分和4种酶活性分别与丰度最高的8个细菌门间的相关系数。

在门水平（表4-2），有效钾对土壤细菌影响最大，主要表现为有效钾分别与Proteobacteria（0.462）和Actinobacteria（0.663）呈显著和极显著正相关，与Verrucomicrobia（-0.550）呈显著负相关。总氮和总碳对土壤细菌的影响次之，总氮和总碳分别与Actinobacteria（0.522和0.581）呈显著和极显著正相关，而总氮和总碳与Gemmatimonadetes（-0.455和-0.545）呈显著负相关。其他3个化学成分对土壤细菌无显著影响。

由表4-3可知，过氧化氢酶与Verrucomicrobia和Gemmatimonadetes分别

呈显著正相关和极显著负相关,其相关系数分别为 0.450 和 -0.742。脲酶与 Gemmatimonadetes 呈极显著负相关,相关系数为 -0.611。

表 4-2 土壤化学成分与各细菌菌门的相关系数

	总氮	碱解氮	总磷	有效磷	有效钾	总碳
Proteobacteria	0.049	-0.195	0.092	-0.006	0.462 *	0.058
Actinobacteria	0.522 *	0.364	0.406	0.045	0.663 * *	0.581 * *
Acidobacteria	-0.163	-0.164	-0.251	0.060	-0.393	-0.249
Verrucomicrobia	-0.096	0.269	0.004	-0.096	-0.550 * *	-0.056
Chloroflexi	-0.313	-0.253	-0.352	0.163	-0.429	-0.348
Nitrospirae	-0.128	-0.168	-0.165	-0.147	0.044	-0.015 7
Bacteroidetes	-0.205	-0.149	-0.060	-0.036	0.246	-0.098
Gemmatimonadetes	-0.455 *	-0.425	-0.356	-0.017	-0.167	-0.545 *

注:样本数 $n = 21$,* 代表显著相关($p < 0.05$),* * 代表极显著相关($p < 0.01$)。

表 4-3 土壤酶活性与各细菌菌门的相关系数

	酸性磷酸酶	脲酶	蔗糖酶	过氧化氢酶
Proteobacteria	-0.053	-0.185	0.068	-0.413
Actinobacteria	-0.012	0.423	0.379	0.296
Acidobacteria	0.211	-0.170	-0.121	0.045
Verrucomicrobia	0.080	0.251	-0.152	0.450 *
Chloroflexi	-0.188	-0.231	-0.207	-0.178
Nitrospirae	-0.197	-0.005	0.013	0.003
Bacteroidetes	-0.280	-0.202	0.081	-0.429
Gemmatimonadetes	-0.187	-0.611 * *	-0.209	-0.742 * *

注:样本数 $n = 21$,* 代表显著相关($p < 0.05$),* * 代表极显著相关($p < 0.01$)。

4.3.6 土壤化学成分及土壤酶活性对优势细菌菌纲的影响

表 4-4 和表 4-5 展示了 6 种土壤化学成分和 4 种酶活性分别与丰度最高的 8 个细菌菌纲间的相关系数。

在纲水平(表 4-4),有效钾对土壤细菌影响最大,主要表现为有效钾与

Actinobacteria 和 Deltaproteobacteria 呈极显著正相关,其相关系数分别为 0. 663 和 0. 593,而与 Spartobacteria 呈极显著负相关,相关系数为 -0. 550。总氮和总碳对土壤细菌的影响次之,总氮和总碳均与 Actinobacteria 呈极显著正相关,相关系数分别为 0. 522 和 0. 581。其他 3 个化学成分对土壤细菌无显著影响。

由表 4 - 5 可知,过氧化氢酶分别与 Spartobacteria 和 Betaproteobacteria 呈显著正相关和显著负相关,其相关系数为 0. 445 和 -0. 543。脲酶与 Betaproteobacteria 呈极显著负相关,相关系数为 -0. 581。

表 4 - 4   土壤化学成分与各细菌菌纲的相关系数

	总氮	碱解氮	总磷	有效磷	有效钾	总碳
Actinobacteria	0. 522 * *	0. 364	0. 406	0. 045	0. 663 * *	0. 581 * *
Alphaproteobacteria	0. 021	-0. 169	0. 232	-0. 079	0. 338	0. 078
Acidobacteria	-0. 163	-0. 164	-0. 251	0. 060	-0. 393	-0. 249
Spartobacteria	-0. 109	0. 266	0. 007	-0. 102	-0. 550 * *	-0. 064
Betaproteobacteria	-0. 015	-0. 202	-0. 357	0. 128	0. 385	-0. 137
Deltaproteobacteria	0. 121	-0. 148	0. 034	-0. 006	0. 593 * *	0. 097
Nitrospira	-0. 128	-0. 168	-0. 165	-0. 147	0. 044	-0. 157
Sphingobacteriia	-0. 237	-0. 126	0. 032	-0. 142	0. 238	-0. 105

注:样本数 $n = 21$, *代表显著相关($p < 0.05$), * *代表极显著相关($p < 0.01$)。

表 4 - 5   土壤酶活性与各细菌菌纲的相关系数

	酸性磷酸酶	脲酶	蔗糖酶	过氧化氢酶
Actinobacteria	-0. 012	0. 423	0. 379	0. 296
Alphaproteobacteria	0. 063	-0. 015	-0. 005	-0. 338
Acidobacteria	0. 211	-0. 170	-0. 121	0. 045
Spartobacteria	0. 080	0. 254	-0. 153	0. 445 *
Betaproteobacteria	-0. 405	-0. 581 * *	0. 044	-0. 543 *
Deltaproteobacteria	0. 042	-0. 190	0. 243	-0. 235
Nitrospira	-0. 197	-0. 005	0. 013	0. 003
Sphingobacteriia	-0. 159	-0. 122	0. 085	-0. 401

注:样本数 $n = 21$, *代表显著相关($p < 0.05$), * *代表极显著相关($p < 0.01$)。

4.3.7 土壤化学成分及土壤酶活性对优势细菌菌属的影响

表4-6和表4-7展示了6种土壤化学成分和4种酶活性分别与丰度最高的8个细菌属间的相关系数。

在属水平(表4-6),总磷对土壤细菌影响最大,主要表现为总磷分别与 *Xanthobacteraceae_unclassified* 和 *Nitrosomonadaceae_uncultured* 呈显著正相关和显著负相关,其相关系数分别为 0.455 和 -0.513;总氮与 *Actinobacteria_norank* 呈显著正相关,相关系数为 0.475;有效钾与 *DA101 soil group_norank* 呈极显著负相关,相关系数为 -0.572;总碳与 *Xanthobacteraceae_unclassified* 呈显著正相关,相关系数为 0.437;碱解氮和有效磷对土壤细菌无显著影响。

由表4-7可知,过氧化氢酶活性是影响这些菌属丰度的主要因素,其与 *DA101 soil group_norank* 和 *Actinobacteria_norank* 均呈显著正相关,其相关系数分别为 0.526 和 0.503,而分别与 *Bradyrhizobium* 和 *Nitrosomonadaceae_uncultured* 呈极显著和显著负相关,其相关系数为 -0.699 和 -0.505。酸性磷酸酶和脲酶与 *Nitrosomonadaceae_uncultured* 呈显著和极显著负相关,相关系数为 -0.520 和 -0.664。

表4-6 土壤化学成分与各细菌菌属的相关系数

	总氮	碱解氮	总磷	有效磷	有效钾	总碳
DA101 soil group_norank	-0.151	0.240	0.004	-0.121	-0.572**	-0.088
Subgroup 6_norank	0.098	0.061	-0.242	0.233	-0.197	-0.066
Xanthobacteraceae_unclassified	0.236	-0.031	0.455*	-0.161	0.382	0.437*
Nitrospira	-0.128	-0.168	-0.165	-0.147	0.044	-0.157
Actinobacteria_norank	0.475*	0.338	0.018	0.213	0.079	0.303
Gaiellales_uncultured	0.277	0.264	0.266	0.086	0.409	0.389
Bradyrhizobium	-0.243	-0.239	-0.045	-0.200	0.219	-0.165
Nitrosomonadaceae_uncultured	-0.039	-0.194	-0.513*	0.193	0.231	-0.186

注:样本数 $n = 21$,∗ 代表显著相关($p < 0.05$),∗∗ 代表极显著相关($p < 0.01$)。

表 4 - 7　土壤酶活性与各细菌菌属的相关系数

	酸性磷酸酶	脲酶	蔗糖酶	过氧化氢酶
DA101 soil group_norank	− 0. 065	0. 375	− 0. 160	0. 526 *
Subgroup 6_norank	0. 070	− 0. 138	0. 083	0. 175
Xanthobacteraceae_unclassified	− 0. 024	0. 280	− 0. 057	− 0. 045
Nitrospira	− 0. 149	− 0. 092	0. 016	− 0. 066
Actinobacteria_norank	− 0. 006	0. 279	0. 325	0. 503 *
Gaiellales_uncultured	0. 017	0. 355	0. 341	0. 261
Bradyrhizobium	0. 010	− 0. 345	− 0. 224	− 0. 699 * *
Nitrosomonadaceae_uncultured	− 0. 520 *	− 0. 664 * *	0. 026	− 0. 505 *

注:样本数 $n = 21$, * 代表显著相关($p < 0.05$),* * 代表极显著相关($p < 0.01$)。

4.3.8　土壤化学成分、营建方式对土壤细菌群落结构的影响

以不同样本的细菌种水平 OTU 丰度为因变量、土壤化学成分及营建方式为变量,进行冗余分析,其结果能够反映各处理间的细菌群落结构相似性。由图 4 - 8 可知,第一排序轴和第二排序轴分别能解释样本中 31.09% 和 21.60% 的变异。第一排序轴上的分布可分为 3 组,第一组包括 FM、PK × JM/JM、PK × FM/FM、PK × JM/PK 和 PK × FM/PK,第二组包括 PK,第三组包括 JM,相同组的土壤细菌群落结构相似度大。FM、PK × JM/JM、PK × JM/PK 和 PK × FM/FM、PK × FM/PK 在第二排序轴上被进一步区分,说明它们仍存在一定差异。样本点之间的距离可以代表它们之间的关系。因此,可知 PK 与 PK × FM/PK 的相似度高于 PK 与 PK × JM/PK 的相似度。

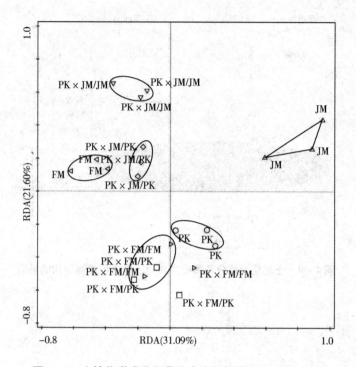

图4-8　土壤化学成分及营建方式与各样本的 RDA 分析

VPA 分析重点研究各环境因子对微生物群落分布的解释量,可得到造成微生物群落分布差异的各环境因子贡献度大小。图4-9 所示为土壤化学成分和营建方式对土壤细菌群落分布差异的贡献率。土壤化学成分和营建方式能够解释细菌群落变异的55.2%,其中化学成分占45.6%,营建方式占9.6%,而化学成分中有效钾、碱解氮、总磷、总碳、总氮和有效磷所占比例分别为22.4%、7.3%、5.4%、4.4%、4.1%和2.1%。

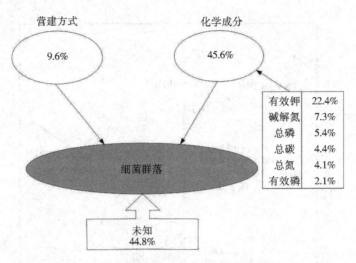

图4-9　土壤化学成分及营建方式对土壤细菌群落结构的影响

4.4　讨论

4.4.1　阔叶红松林土壤细菌群落丰度及多样性

　　有研究表明,人工混交林在生物多样性、稳定性和生态功能等方面均要优于纯林。混交林与纯林之间的差异在林型上。有研究表明,林型能够影响土壤细菌群落结构及多样性。本书通过高通量测序方法来研究红松针阔叶混交方式对土壤细菌群落多样性的影响,并量化分析了土壤化学成分及营建方式对土壤细菌群落结构的影响。本书的测序覆盖度达到98.9%以上,该结果表明测序结果能够充分地反映不同处理下土壤细菌群落多样性和结构。对细菌群落的丰度(Ace 指数和 Chao 1 指数)和多样性(Shannon 指数和 Simpson 指数)进行分析,发现:红松分别与胡桃楸、水曲柳混交,红松土壤细菌群落丰度(Ace 指数)均显著被提高;与红松混交,胡桃楸土壤细菌群落丰度(Ace 指数和 Chao 1指数)被显著提高;与红松混交,水曲柳土壤细菌群落丰度(Ace 指数和 Chao 1指数)虽被提高,但未达到显著水平。纯林土壤细菌群落丰度降序排列为 FM > PK > JM,其中 PK 与 FM 间的差异达到显著水平。比较不同处理间土壤细菌群落 Shannon 指数和 Simpson 指数发现,红松与胡桃楸混交显著提高了胡桃楸土壤细菌群落多样性,而红松与水曲柳混交显著提高了红松土壤细菌群落多样性。纯林土壤细菌群落多样性降序排列为 FM > JM > PK,其中 FM 与 JM 和 PK间的差异均达到显著水平。黄雅丽等人的研究表明刺槐与白蜡混交提高了土壤细菌群落多样性,这与本书中针阔叶混交这一方式显著提高了土壤细菌群落丰度和多样性的结果一致。同时本书还表明不同林型土壤细菌群落的丰度和多样性是不同的,FM 细菌群落丰度和多样性最高。

4.4.2　阔叶红松林土壤细菌群落结构

本书所获得的序列分属于细菌的 38 个门,其中主要的菌门包括了 Proteobacteria、Actinobacteria、Acidobacteria、Verrucomicrobia、Chloroflexi、Nitrospirae、Bacteroidetes、Gemmatimonadetes、Planctomycetes。其所在比例分别为32.27%、22.82%、17.18%、8.99%、6.67%、3.84%、3.51%、1.71% 和 1.24%。而这些门中,Proteobacteria、Actinobacteria、Acidobacteria、Verrucomicrobia、Chloroflexi 占了全部序列的 87.93%,为主要菌门。Proteobacteria、Actinobacteria、Acidobacteria的丰度均超过 10%,是各处理间共有的优势菌群,而优势菌群丰度在不同处理间没有显著差异。土壤细菌纲水平的分析显示,主要菌门下某些菌纲丰度在不同处理间有显著差异。如 PK × JM/PK 的 Gammaproteobacteria(Proteobacteria)丰度显著高于 PK;PK × FM/PK 的 Chloroflexia(Chloroflexi)等丰度显著高于 PK;PK × JM/JM 的 S085(Chloroflexi)和 OPB35 soil group(Verrucomicrobia)等丰度显著高于 JM,TK10(Chloroflexi)和 Ktedonobacteria(Chloroflexi)等丰度显著低于JM;PK × FM/FM 的 JG37 - AG -4(Chloroflexi)等丰度显著高于 FM。杨菁等人的研究表明降香黄檀不同混交林细菌群落结构有一定区别。罗达等人报道人工纯林及混交林间土壤微生物群落结构有明显差异。本书得到了相同的结果:针阔叶混交这一方式对细菌群落结构有着显著影响。造成纯林与混交林土壤细菌群落结构差异的原因可能是混交林间树种配置不同,纯林为单一种,而本书的混交林为红松和某阔叶林,这将引起林内土壤化学成分变化、凋落物成分的差异、分解程度的不同等,其中凋落物分解将直接影响土壤细菌生长,而化学成分不同导致土壤细菌群落所处环境及可获取养分不同,适宜生长的细菌菌群类型也不同。针阔叶混交不仅改变了林内树种类型和林下土壤细菌群落结构,也改变并提高了林下土壤细菌群落多样性,这可能就是混交林更有优势的原因之一。

在 Venn 分析中红松林(包括纯林及 2 个混交林)共得到 413 个 OTU。胡桃楸林和水曲柳林(分别包括纯林及 1 个混交林)分别共得到 279 和 274 个 OTU。PK、PK×JM/PK 和 PK×FM/PK 含有 79 个共同 OTU,JM 和 PK×JM/JM 含有 92 个共同 OTU,FM 和 PK×FM/FM 含有 88 个共同 OTU,这些 Venn 图交叠区域的共同 OTU 所从属的细菌应该是本书土壤区域的核心细菌群落。不同处理也拥有各自的特异 OTU,说明在不同营建方式下不同林型和同种林型土壤细菌群落均有一定的特异性。

RDA 分析了土壤化学成分及营建方式对各处理下土壤细菌群落结构相似度的影响。不同处理在 RDA 轴上出现了明显的差异,在第一排序轴上,FM、PK×FM/PK 和 PK×FM/FM,PK×JM/PK 和 PK×JM/JM,均分布在负方向上,PK 和 JM 均分布在正方向上。在第二排序轴上,FM 和 PK×FM/FM 进一步被分开。可知 PK×JM/PK 和 PK×FM/PK 细菌群落结构较相似,FM 和 PK×FM/FM 细菌群落结构较相似,均在第二排序轴上被分到同一侧,但在第二排序轴上被分开,说明同一林型土壤细菌群落虽相似,但营建方式不同或混交林型不同,也将引起细菌群落结构的差异。通过不同处理所在位置,可知 PK×FM/PK 细菌群落结构与 PK 相似度高于 PK×JM/PK 与 PK 相似度。

4.4.3　混交林土壤细菌群落与土壤化学成分、土壤酶活性的关系

Hackl 等人的研究表明土壤细菌群落差异与植被类型及土壤理化性质有显著相关性。土壤化学成分与土壤细菌的相关性分析表明混交改变了土壤化学成分是促进群落结构改变的重要原因。土壤化学成分影响细菌菌门丰度主要表现为总氮、有效钾和总碳这 3 个化学成分与 Actinobacteria 的丰度呈显著正相关,有效钾这一化学成分分别与 Proteobacteria 和 Verrucomicrobia 的丰度呈显著正相关和极显著负相关。徐飞等人在研究东北沼泽湿地时发现总氮、碱解氮对土壤细菌群落组成及多样性产生影响。还有研究表明土壤有机质、总氮、总钾、速效钾和速效氮对于土壤细菌群落遗传多样性的变化起着重要作用。VPA 分

析表明土壤化学成分和营建方式能够解释土壤细菌群落变异的 55.2%,其中化学成分占 45.6%,营建方式占 9.6%,有效钾对解释土壤细菌群落结构变异的贡献率最高,为 22.4%,其他 5 种化学成分的贡献率均低于营建方式的贡献率。土壤酶活性与土壤细菌的相关性分析表明 4 种酶活性对土壤主要细菌菌门的影响不大,仅有过氧化氢酶与 Verrucomicrobia 的丰度呈显著正相关。

4.5 本章小结

(1)本书所获得的测序序列分属于细菌的 38 个门,Proteobacteria、Actinobacteria、Acidobacteria、Verrucomicrobia、Chloroflexi 占了全部序列的 87.93%,为主要菌门。Proteobacteria、Actinobacteria、Acidobacteria 的丰度均超过 10%,为优势菌群。

(2)红松针阔叶混交这一方式改变了土壤细菌群落结构,提高了细菌群落丰度及多样性。不同处理下土壤主要菌门下某些菌纲丰度在不同处理间有显著差异。PK×JM/PK、PK×FM/PK 细菌群落丰度显著高于 PK;PK×JM/JM 细菌群落丰度显著高于 JM;PK×FM/FM 细菌群落丰度高于 FM,但未达到显著水平。PK×JM/JM 细菌群落多样性显著高于 JM,PK×FM/PK 土壤细菌群落多样性显著高于 PK。

(3)总氮和总碳含量分别与 Actinobacteria 呈显著正相关和极显著正相关;有效钾含量分别与 Proteobacteria、Actinobacteria 呈显著和极显著正相关,与 Verrucomicrobia 呈极显著负相关。过氧化氢酶与 Verrucomicrobia 呈显著正相关。土壤有效钾和营建方式是影响阔叶红松林土壤细菌群落结构的主要因素。

5 人工阔叶红松林土壤真菌群落结构及多样性

5.1 研究样地及研究方法

5.1.1 样地概况

试验样地设于黑龙江省尚志市境内的东北林业大学帽儿山尖砬沟森林培育试验站,选取3个人工纯林和2个人工混交林,分别为红松纯林、胡桃楸纯林、红松和胡桃楸混交林、水曲柳纯林、红松和水曲柳混交林。混交为带状混交,株行距为1.5 m×2 m,各混交林试验林型之间被次生林间隔。各林分处于同一地块,坡度平均为7°。

5.1.2 研究方法

完成样地设置后,对5种林型所对应的7种土壤(PK、JM、FM、PK×JM/PK、PK×JM/JM、PK×FM/PK、PK×FM/FM)进行取样,在每个样地随机选取3个10 m×20 m的样方,作为3次重复,运用"10点"取样法在各个样方进行取样,去除地表凋落物层,在样方内采集土层0~10 cm土壤样品,分别将在每块样方内采集的土样进行混匀处理,去掉土壤中可见动植物残体和植物根系。将采集的土样与冰袋同时存放并迅速带回实验室,将土样立即过2 mm土壤筛,放于−80 ℃中保存,待提取土壤DNA。

5.1.2.1 土壤微生物基因组DNA提取

本试验使用强力土壤DNA提取试剂盒进行土壤微生物基因组DNA的提取。

5.1.2.2 真菌ITS PCR扩增

(1)目标扩展区域
ITS1F_2034R。

（2）引物序列

引物1:5' – CTTGGTCATTTAGAGGAAGTAA –3'

引物2:5' – GCTGCGTTCTTCATCGATGC –3'

（3）PCR 反应体系

5 × Fast Pfu	4 μL
2.5 mmol/L dNTP	2 μL
引物 1（5 mmol/L）	0.8 μL
引物 2（5 mmol/L）	0.8 μL
模板 DNA	1 μL
Fast Pfu 聚合酶	0.4 μL
ddH$_2$O	补足至 20 μL

（4）PCR 反应程序

95 ℃ , 5 min

95 ℃ , 30 s

55 ℃ , 30 s ⎬ 29 个循环

72 ℃ , 45 s

72 ℃ , 5 min

10 ℃ 保存

为了避免假阳性结果，PCR 扩增过程需要做对照，即无模板 DNA。每个样本 3 次重复，将同一样本的 PCR 产物混合。

（5）PCR 产物检测及定量

将同一样本的产物用 2% 琼脂糖凝胶电泳检测，使用 DNA 凝胶回收试剂盒回收 PCR 产物，Tris – HCl 洗脱，2% 琼脂糖凝胶电泳检测。根据电泳初步定量结果，将 PCR 产物用 QuantiFluor™ – ST 蓝色荧光定量系统进行检测定量，之后按照每个样本的测序量要求，进行相应比例的混合。

5.1.2.3 高通量测序数据处理及分析

（1）测序数据处理流程

处理流程参见图 4 – 1。

（2）OTU 聚类分析

可根据不同的相似度水平，对所有序列进行 OTU 划分，通常对 97% 相似水平的 OTU 进行生物信息统计分析。

（3）分类学分析

为了得到每个 OTU 对应的物种分类信息，采用 RDP classifier 贝叶斯算法对 97% 相似水平的 OTU 代表序列进行分类学分析，并分别在各个分类水平统计各样本的群落组成。对比数据库为 Unite 真菌数据库。

（4）α 多样性分析

利用 97% 相似水平的 OTU 制作稀释性曲线，同时应用 MOTHUR 软件进行样本的多样性分析，其包括菌群丰度的指数（Ace 指数和 Chao 1 指数）和菌群多样性指数（Shannon 指数和 Simpson 指数）。

（5）β 多样性分析

基于各样本序列间的进化关系及丰度信息来计算样本间距离，有多种方法，如 Euclidean 距离、Bray curtis 距离、Jaccard 距离等，本书选择了 Bray curtis 距离来展示样本间的差异。

5.2　统计分析

数据采用样品 3 次重复的平均值 ± 标准差；利用单因素方差法分析不同处理之间 α 多样性指数的差异；利用 STAMP 分析进行组间的差异分析，使有显著丰度差异的土壤真菌可视化；采用 Pearson 相关系数分析土壤化学成分及土壤酶活性与土壤真菌（不同分类水平）之间的相互关系；用 Canoco 5.0 对营建方式、土壤中各化学成分及各样本土壤真菌种水平 OTU 进行冗余分析。

5.3　结果与分析

5.3.1　阔叶红松林土壤真菌测序深度检测

由图 5-1 可知，各样本所获得的 OTU 数量随着抽取序列数增加最终趋于稳定,说明测序数量是合理的,测序深度足够代表整个样本。

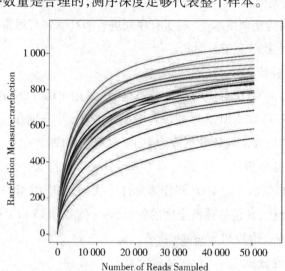

图 5 - 1　各样本的稀释性曲线

5.3.2　阔叶红松林土壤真菌群落丰度及多样性

通过计算真菌群落丰度和多样性来揭示各样本的群落情况,计算指标包括
丰度指数 Ace 和 Chao 1、多样性指数 Shannon 和 Simpson(表 5 - 1)。所有样本
基于最小序列数量(50,365)进行抽平。测序的覆盖度达到了 99%,表明测序
结果能够较好地反映该样本内的真菌群落多样性与结构。比较丰度指数 Ace
和 Chao 1 可知,PK × JM/PK 和 PK × FM/PK 丰度指数高于 PK 的丰度指数,
PK × JM/PK 的丰度指数分别为 928 和 938,PK × FM/PK 的丰度指数分别为 857
和 857,而 PK 则分别为 822 和 825。PK × JM/JM 的丰度指数分别为 968 和 981,
高于 JM,其为 950 和 953。而 PK × FM/FM 的丰度指数分别为 818 和 823,低于
FM(860 和 861)。其中,只有 JM 的丰度指数 Ace 和 Chao 1 显著高于 PK(p =
0.024 和 p = 0.028),其他均未达到显著水平,说明 JM 真菌群落多样性丰度高于
PK。PK × JM/PK 和 PK × JM/JM 真菌群落的丰度较相应纯林(PK 和 JM)均呈
上升趋势,但未达到显著水平,而 PK × FM/FM 却呈现相反的变化趋势。比较多
样性指数 Shannon 和 Simpson 可知,与胡桃楸和水曲柳混交并没有提高红松土

壤真菌群落多样性,而与红松混交,胡桃楸和水曲柳土壤真菌群落多样性呈现不同变化,混交后胡桃楸的土壤真菌群落多样性高于相应纯林,而混交后水曲柳则低于相应纯林。

表5-1　阔叶红松林土壤真菌群落丰度及多样性指数

处理	OTU	Ace	Chao 1	Coverage	Shannon	Simpson
PK	787 ± 43	822 ± 35 ∗	825 ± 39	0.999	4.58 ± 0.47	0.036 ± 0.025
PK × JM/PK	882 ± 133	928 ± 116	938 ± 111	0.998	4.48 ± 0.79	0.048 ± 0.046
PK × FM/PK	771 ± 162	857 ± 149	857 ± 157	0.997	4.39 ± 0.6	0.036 ± 0.021
JM	905 ± 67	950 ± 49 ∗	953 ± 50	0.998	4.77 ± 0.34	0.028 ± 0.006
PK × JM/JM	937 ± 98	968 ± 86	981 ± 87	0.999	4.99 ± 0.52	0.026 ± 0.021
FM	815 ± 112	860 ± 67	861 ± 72	0.998	4.47 ± 1.03	0.052 ± 0.055
PK × FM/FM	731 ± 175	818 ± 132	823 ± 140	0.997	3.9 ± 0.8	0.063 ± 0.047

注:各指标为每个处理3次重复的平均值 ± 标准差。∗代表差异显著($p < 0.05$)。

5.3.3　阔叶红松林下土壤真菌群落结构

将不同处理下获得的序列进行分类学分析,其从属于 10 个菌门[图 5 - 2 (A)]。主要有 Ascomycota、Basidiomycota、Zygomycota、Fungi_unclassified,其所在比例分别为 40.08%、38.02%、12.68% 和 8.60%。而 4 个门中,Ascomycota、Basidiomycota、Zygomycota 为优势菌群,占了全部序列的 90.78%。在这 10 个菌门中,Rozellomycota、Glomeromycota、Chytridiomycota、Eukaryota_unclassified、Cercozoa 和 Unidentified 为劣势菌群,其所占比例低于 0.5%。

不同处理的群落结构有所差异,如 Ascomycota 在 PK、PK × JM/PK、JM、PK × JM/JM 和 FM 所占比例为最高,其比例范围为 43.09% ~ 54.52%,而在 PK × FM/PK 和 PK × FM/FM,Ascomycota 为次之,最高的是 Basidiomycota,其比例分别为 61.01% 和 70.75%。如图 5 - 2(B) ~ (E)所示,PK × JM/PK 的 Ascomycota(54.52%)显著高于 PK(46.01%),JM 的 Ascomycota(50.96%)显著高于 PK(43.09%);而 PK × FM/PK 和 PK × FM/FM 的 Ascomycota(27.34% 和 15.09%)分别显著低于 PK(46.01%)和 FM(43.57%),PK × FM/PK 和 PK × FM/FM 的 Basidiomycota(61.01% 和 70.75%)分别显著高于 PK(32.58%)和

FM(22.95%)。Zygomycota 在不同处理中表现也有所不同,其范围为 4.76% ~
19.93%。无论是红松、胡桃楸还是水曲柳,混交后 Zygomycota 的丰度均低于相
应纯林,但未达到显著水平。

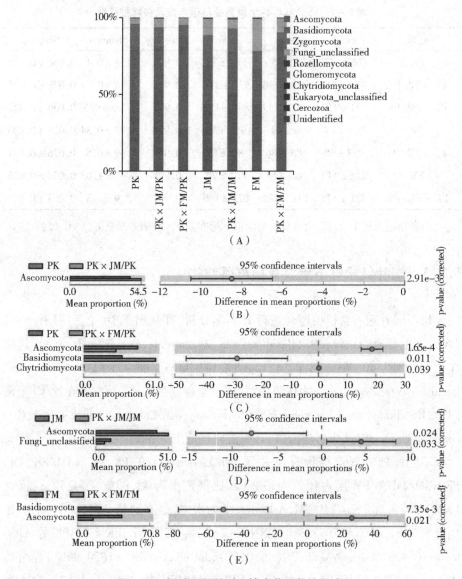

图 5 - 2　阔叶红松林对土壤真菌群落的影响

注:(A)为在门水平下各处理真菌群落组成;(B) ~ (E)为 STAMP 分析不同处理在门水
平的真菌群落差异。

在纲水平进行真菌群落结构分析，共得到 27 个菌纲，其中主要菌纲 11 个。结果(图 5-3)表明，不同处理间有一些菌纲丰度差异显著。比较 PK 与 PK × JM/PK 的土壤真菌群落结构[图 5-3(A)]，PK × JM/PK 的 Wallemiomycetes 丰度(0.50%)、Microbotryomycetes 丰度(7.13%)和 Basidiomycota_unclassified 丰度(0.20%)显著高于 PK，而 PK × JM/PK 的 Agaricomycetes 丰度(8.70%)和 Pezizomycetes 丰度(0.24%)显著低于 PK。PK 与 PK × FM/PK 土壤真菌群落结构相比较表明[图 5-3(B)]，PK × FM/PK 的 Agaricomycetes 丰度(56.6%)丰度显著高于 PK，而 PK × FM/PK 的 Dothideomycetes 丰度(1.19%)、Sordariomycetes 丰度(4.21%)和 Chytridiomycetes 丰度(0.04%)显著低于 PK。比较 JM 和 PK × JM/JM 的土壤真菌群落结构[图 5-3(C)]，PK × JM/JM 的一些菌纲丰度显著高于 JM，如 Saccharomycetes 丰度(0.05%)、Basidiomycota_unclassified 丰度(0.76%)、Sordariomycetes 丰度(25.24%)、Wallemiomycetes 丰度(0.09%)和 Microbotryomycetes 丰度(1.85%)，JM 的 Lecanoromycetes 丰度(0.06%)、Archaeorhizomycetes 丰度(0.98%)、Leotiomycetes 丰度(11.70%)、Fungi_unclassified 丰度(10.46%)和 Geoglossomycetes 丰度(0.18%)显著高于 PK × JM/JM。FM 和 PK × FM/FM 土壤真菌群落结构比较结果[图 5-3(D)]表明，PK × FM/FM 的 2 个菌纲的丰度显著高于 FM，分别为 Basidiomycota_unclassified(0.60%)和 Agaricomycetes(67.82%)。

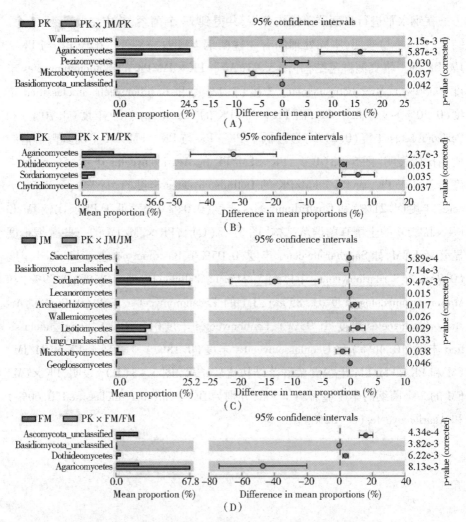

图 5 - 3　STAMP 分析不同处理间在纲水平的真菌群落差异

Heatmap 分析了不同样本前 100 个的优势菌属（图 5 - 4）。针阔叶混交这一方式对红松、胡桃楸和水曲柳土壤真菌群落均产生了一定影响。

一方面针阔叶混交促进了一些真菌菌属的生长，其丰度显著高于相应纯林。就红松林而言，PK × JM/PK 的 *Alatospora* 丰度（0.15%）、*Coniochaeta* 丰度（1.09%）、*Phoma* 丰度（0.18%）、*Geminibasidium* 丰度（0.50%）、*Lophiostoma* 丰度（0.59%）、*Mrakia* 丰度（0.31）、*Tricholoma* 丰度（0.56%）、*Minutisphaera* 丰度（0.29%）、*Cladophialophora* 丰度（0.29%）和 *Cistella* 丰度（0.28%）显著高于

PK,PK×FM/PK 的 *Entoloma* 丰度(7.26%)、*Amphinema* 丰度(4.25%)、*Inocybe* 丰度(21.43%)、*Lactarius* 丰度(1.95%)、*Piloderma* 丰度(1.02%)、*Clavulina* 丰度(1.31%)、*Russula* 丰度(2.88%)、*Helvellosebacina* 丰度(1.81%)、*Coniochaeta* 丰度(0.23%)、*Agrocybe* 丰度(0.45%)、*Cortinarius* 丰度(1.70%)和 *Tomentella* 丰度(0.34%)显著高于 PK。就胡桃楸林而言,PK×JM/JM 的 *Coniochaeta* 丰度(0.15%)、*Inocybe* 丰度(5.26%)、*Pluteus* 丰度(0.38%)、*Amphinema* 丰度(0.48%)、*Pezizella* 丰度(0.33%)、*Ramariopsis* 丰度(0.14%)、*Apodus* 丰度(0.36%)、*Lophiostoma* 丰度(0.44%)、*Schizothecium* 丰度(0.15%)、*Geminibasidium* 丰度(0.09%)、*Mrakia* 丰度(0.58%)和 *Acrodontium* 丰度(0.41%)显著高于 JM。就水曲柳而言,PK×FM/FM 的 *Amphinema* 丰度(13.58%)、*Clavulina* 丰度(8.44%)、*Lactarius* 丰度(1.82%)、*Russula* 丰度(1.62%)、*Piloderma* 丰度(0.30%)、*Cryptococcus* 丰度(1.88%)、*Inocybe* 丰度(4.10%)、*Tomentella* 丰度(18.32%)和 *Tuber* 丰度(0.02%)显著高于 FM。

另一方面,针阔叶混交抑制了一些真菌菌属的生长,其丰度显著低于相应纯林。对于红松而言,PK×JM/PK 使 *Phialocephala* 丰度(0.20%)、*Ilyonectria* 丰度(1.06%)、*Schizothecium* 丰度(0.02%)、*Inocybe* 丰度(0.59%)、*Amphinema* 丰度(0.46%)、*Hymenogaster* 丰度(0.05%)、*Geomyces* 丰度(0.05%)、*Cylindrocarpon* 丰度(0.21%)、*Sebacina* 丰度(0.02%)、*Peziza* 丰度(0.03%)、*Ceratobasidium* 丰度(0.45%)和 *Cystodendron* 丰度(0.02%)显著降低,而 PK×FM/PK 的 *Pseudeurotium* 丰度(0.77%)、*Ilyonectria* 丰度(0.42%)、*Nectria* 丰度(0.32%)、*Cylindrocarpon* 丰度(0.10%)、*Ceratobasidium* 丰度(0.37%)、*Pseudogymnoascus* 丰度(0.16%)、*Hymenogaster* 丰度(0.51%)、*Cryptococcus* 丰度(3.22%)、*Minutisphaera* 丰度(0.03%)、*Leptosphaeria* 丰度(0.03%)、*Phialocephala* 丰度(0.47%)、*Tricladium* 丰度(0.03%)、*Acremonium* 丰度(0.04%)和 *Peziza* 丰度(0.51%)显著低于 PK。对胡桃楸而言,PK×JM/JM 的 *Hymenogaster* 丰度(0.07%)和 *Minutisphaera* 丰度(0.05%)显著低于 JM。对水曲柳而言,PK×FM/FM 的 *Phoma* 丰度(0.03%)、*Ganoderma* 丰度(0.44%)、*Ilyonectria* 丰度(0.23%)、*Ceratobasidium* 丰度(0.30%)和 *Neonectria* 丰度(0.03%)显著低于 FM。

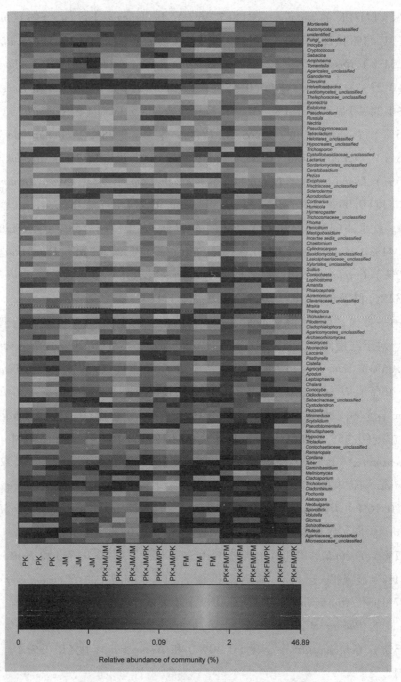

图 5 – 4　Heatmap 分析各样本的 100 个优势菌属

5.3.4 阔叶红松林土壤真菌种水平 OTU 的关系

Venn 图(图 5 - 5)揭示了各处理下全部可观察到的真菌种水平 OTU。对于红松林(包括纯林及 2 个混交林)[图 5 - 5(A)],共得到 428 个 OTU。其中,PK 含有 143 个真菌种,PK×JM/PK 含有 138 个真菌种,PK×FM/PK 含有 147 个真菌种。PK、PK×JM/PK 和 PK×FM/PK 含有 54 个共同 OTU,同时分别含有 65、53 和 60 个特有 OTU。对于胡桃楸林和水曲柳林(分别包括纯林及 1 个混交林)[图 5 - 5(B)],分别得到 314 和 269 个 OTU。其中 JM 含有 153 个真菌种,PK×JM/JM 含有 161 个真菌种,FM 含有 148 个真菌种,PK×FM/FM 含有 121 个真菌种。JM 和 PK×JM/JM 含有 81 个共同 OTU,同时分别含有 72 和 80 个特有 OTU;FM 和 PK×FM/FM 含有 72 个共同 OTU,同时分别含有 76 和 49 个特有 OTU。由此可知,不同营建方式下的同种林型有其特定的真菌种,而不同营建方式也引起了土壤真菌种的差异。

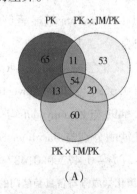

(A)

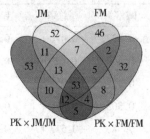

(B)

图 5 - 5 阔叶红松林土壤真菌种水平 OTU 的关系

5.3.5 土壤化学成分及土壤酶活性对优势真菌菌门的影响

表5-2和表5-3展示了6种土壤化学成分和4种酶活性分别与丰度最高的5个真菌菌门间的相关系数。

在门水平(表5-2),总碳和总磷对土壤真菌影响最大,主要表现为总碳和总磷均与 Basidiomycota 呈极显著负相关,相关系数分别为 -0.571 和 -0.629;均与 Rozellomycota(0.465 和 0.453)和 Glomeromycota(0.666 和 0.513)呈显著正相关;分别与 Ascomycota 呈极显著和显著正相关,相关系数为 0.604 和 0.476;分别与 Zygomycota 呈显著和极显著正相关,相关系数为 0.472 和0.695。有效钾和总氮对土壤真菌的影响次之,有效钾和总氮分别与 Ascomycota 呈显著和极显著正相关,相关系数为 0.450 和 0.662;分别与 Glomeromycota 分别呈显著和极显著正相关,相关系数为 0.437 和 0.665;分别与 Basidiomycota 呈显著和极显著负相关,相关系数为 -0.498 和 -0.575;有效钾与 Rozellomycota(0.637)呈极显著正相关。碱解氮与 Basidiomycota 呈显著负相关,相关系数为 -0.467。有效磷对土壤真菌无显著影响。

由表5-3可知,脲酶和过氧化氢酶分别与 Ascomycota 呈显著和极显著正相关,其相关系数为 0.497 和 0.669;与 Basidiomycota 均呈极显著负相关,其相关系数分别为 -0.571 和 -0.649;与 Zygomycota 均呈极显著正相关,其相关系数分别为 0.742 和 0.661。蔗糖酶分别与 Basidiomycota 和 Rozellomycota 呈显著负相关和显著正相关,相关系数为 -0.472 和 0.487。

表5-2 土壤化学成分与各真菌菌门的相关系数

	总氮	碱解氮	总磷	有效磷	有效钾	总碳
Ascomycota	0.662 * *	0.422	0.476 *	0.010	0.450 *	0.604 * *
Basidiomycota	-0.575 * *	-0.467 *	-0.629 * *	0.002	-0.498 *	-0.571 * *
Zygomycota	0.358	0.327	0.695 * *	-0.063	0.130	0.472 *
Rozellomycota	0.355	0.305	0.453 *	0.219	0.637 * *	0.465 *
Glomeromycota	0.665 * *	0.383	0.513 *	0.399	0.437 *	0.666 *

注:样本数 $n=21$, * 代表显著相关($p<0.05$), * * 代表极显著相关($p<0.01$)。

表 5 - 3　土壤酶活性与各真菌菌门的相关系数

	酸性磷酸酶	脲酶	蔗糖酶	过氧化氢酶
Ascomycota	0.321	0.497 *	0.372	0.669 * *
Basidiomycota	- 0.389	- 0.571 * *	- 0.472 *	- 0.649 * *
Zygomycota	0.372	0.742 * *	0.139	0.661 * *
Rozellomycota	0.287	0.151	0.487 *	0.234
Glomeromycota	- 0.025	0.246	0.350	0.328

注:样本数 $n = 21$, * 代表显著相关($p < 0.05$), * * 代表极显著相关($p < 0.01$)。

5.3.6　土壤化学成分及土壤酶活性对优势真菌菌纲的影响

表 5 - 4 和表 5 - 5 展示了 6 种土壤化学成分和 4 种酶活性分别与丰度最高的 8 个真菌菌纲间的相关系数。

在纲水平(表 5 - 4),总碳与 Incertae sedis 和 Tremellomycetes 均呈显著正相关,相关系数分别为 0.469 和 0.455;分别与 Agaricomycetes 和 Sordariomycetes 呈极显著负相关和极显著正相关,相关系数为 - 0.629 和 0.861。总磷分别与 Incertae sedis 和 Eurotiomycetes 呈极显著和显著正相关,相关系数为 0.644 和 0.491;与 Agaricomycetes 呈极显著负相关,相关系数为 - 0.576。有效钾分别与 Sordariomycetes 和 Dothideomycetes 呈极显著和显著正相关,相关系数为 0.574 和 0.455;与 Agaricomycetes 呈显著负相关,相关系数为 - 0.520。总氮分别与 Agaricomycetes 和 Sordariomycetes 呈极显著负相关和极显著正相关,相关系数为 - 0.632 和 0.831。碱解氮与 Agaricomycetes 呈显著负相关,相关系数为 - 0.444。有效磷与 Sordariomycetes 呈显著正相关,相关系数为 0.455。

由表 5 - 5 可知,脲酶分别与 Incertae sedis 和 Tremellomycetes 呈极显著和显著正相关,相关系数为 0.712 和 0.462;与 Agaricomycetes 呈极显著负相关,相关系数为 - 0.598。蔗糖酶与 Sordariomycetes 和 Dothideomycetes 均呈显著正相关,相关系数分别为 0.533 和 0.522;与 Agaricomycetes 呈显著负相关,相关系数为 - 0.435。过氧化氢酶与 Incertae sedis 和 Sordariomycetes 均呈极显著正相关,相关系数分别为 0.640 和 0.673;与 Agaricomycetes 呈极显著负相关,相关系数为 - 0.651。

表5-4　土壤化学成分与各真菌菌纲的相关系数

	总氮	碱解氮	总磷	有效磷	有效钾	总碳
Agaricomycetes	−0.632**	−0.444*	−0.576**	0.004	−0.520*	−0.629**
Incertae sedis	0.393	0.294	0.644**	−0.044	0.125	0.469*
Leotiomycetes	0.229	0.170	0.175	−0.204	−0.018	0.224
Sordariomycetes	0.831**	0.417	0.351	0.455*	0.574**	0.861**
Tremellomycetes	0.377	0.189	0.120	−0.057	0.146	0.455*
Eurotiomycetes	0.212	0.260	0.491*	−0.138	0.417	0.112
Microbotryomycetes	0.406	−0.045	−0.062	−0.014	0.377	0.311
Dothideomycetes	0.261	0.305	0.370	−0.042	0.455*	0.075

注:样本数 $n = 21$,*代表显著相关($p < 0.05$),**代表极显著相关($p < 0.01$)。

表5-5　土壤酶活性与各真菌菌纲的相关系数

	酸性磷酸酶	脲酶	蔗糖酶	过氧化氢酶
Agaricomycetes	−0.330	−0.598**	−0.435*	−0.651**
Incertae sedis	0.374	0.712**	0.131	0.640**
Leotiomycetes	0.071	0.355	−0.147	0.316
Sordariomycetes	0.079	0.416	0.533**	0.673**
Tremellomycetes	−0.044	0.462*	0.012	0.408
Eurotiomycetes	0.430	0.105	0.335	0.309
Microbotryomycetes	−0.038	0.106	0.053	0.031
Dothideomycetes	0.251	0.008	0.522*	0.284

注:样本数 $n = 21$,*代表显著相关($p < 0.05$),**代表极显著相关($p < 0.01$)。

5.3.7　土壤化学成分及土壤酶活性对优势真菌菌属的影响

表5-6和表5-7展示了6种土壤化学成分和4种酶活性分别与丰度最高的8个真菌菌属间的相关系数。

在属水平(表5-6),总碳与 Mortierella 和 Ganoderma 均呈显著正相关,相关系数分别为0.475和0.492;与 Inocybe 和 Amphinema 均呈显著负相关,相关系数分别为 −0.455 和 −0.470。总磷分别与 Mortierella 和 Inocybe 呈极显著正相关和显著负相关,相关系数为0.700和 −0.557。有效钾与 Inocybe 呈显著负相关,相关系数为 −0.525。碱解氮和总氮与 Amphinema 均呈显著负相关,相关

系数分别为 -0.465 和 -0.492。有效磷对土壤真菌无显著影响。

由表 5-7 可知,脲酶分别与 *Mortierella* 和 *Ganoderma* 呈极显著和显著正相关,相关系数为 0.748 和 0.536;与 *Inocybe*、*Sebacina* 和 *Amphinema* 均呈显著负相关,相关系数分别为 -0.518、-0.474 和 -0.469。过氧化氢酶分别与 *Mortierella* 和 *Ganoderma* 呈极显著正相关,相关系数为 0.663 和 0.570;与 *Sebacina* 和 *Clavulina* 均呈显著负相关,其相关系数分别为 -0.472 和 -0.532;与 *Amphinema* 呈极显著负相关,相关系数为 -0.596。蔗糖酶与 *Inocybe* 呈显著负相关,相关系数为 -0.543。

表 5-6　土壤化学成分与各真菌菌属的相关系数

	总氮	碱解氮	总磷	有效磷	有效钾	总碳
Mortierella	0.355	0.329	0.700＊＊	-0.065	0.132	0.475＊
Inocybe	-0.342	-0.235	-0.557＊	-0.197	-0.525＊	-0.455＊
Cryptococcus	0.241	0.008	-0.012	-0.170	0.056	0.180
Sebacina	-0.383	-0.215	-0.396	0.236	-0.242	-0.428
Amphinema	-0.492＊	-0.465＊	-0.404	0.119	-0.374	-0.470＊
Tomentella	-0.317	-0.331	-0.252	0.276	-0.222	-0.280
Ganoderma	0.314	0.337	0.238	0.120	0.231	0.492＊
Clavulina	-0.420	-0.415	-0.324	0.202	-0.260	-0.377

注:样本数 $n = 21$,＊代表显著相关($p < 0.05$),＊＊代表极显著相关($p < 0.01$)。

表 5-7　土壤酶活性与各真菌菌属的相关系数

	酸性磷酸酶	脲酶	蔗糖酶	过氧化氢酶
Mortierella	0.373	0.748＊＊	0.137	0.663＊＊
Inocybe	-0.124	-0.518＊	-0.543＊	-0.366
Cryptococcus	-0.019	0.262	-0.170	0.191
Sebacina	-0.359	-0.474＊	-0.082	-0.472＊
Amphinema	-0.339	-0.469＊	-0.259	-0.596＊＊
Tomentella	-0.381	-0.296	-0.133	-0.379
Ganoderma	-0.043	0.536＊	0.332	0.570＊＊
Clavulina	-0.351	-0.401	-0.175	-0.532＊

注:样本数 $n = 21$,＊代表显著相关($p < 0.05$),＊＊代表极显著相关($p < 0.01$)。

5.3.8　土壤化学成分、营建方式对土壤真菌群落结构的影响

以不同样本的真菌种水平 OTU 丰度为因变量、土壤化学成分及营建方式为变量进行冗余分析,其结果能够反映各处理间的真菌群落结构相似性。由图 5－6可知,第一排序轴和第二排序轴分别能解释样本中30.94%和20.06%的变异。第一排序轴上的分布可分为两组,第一组包括 FM、JM、PK×JM/JM 和 PK×JM/PK,第二组包括 PK、PK×FM/PK 和 PK×FM/FM,相同组的土壤真菌群落结构相似度大。FM、JM 和 PK×JM/JM、PK×JM/PK 在第二排序轴上被进一步区分,说明其间仍存在一定差异。样本点之间的距离可以代表它们之间的关系。因此,可知 PK×FM/PK 与 PK×FM/FM 的相似度高于 PK×FM/PK 与 PK的相似度。

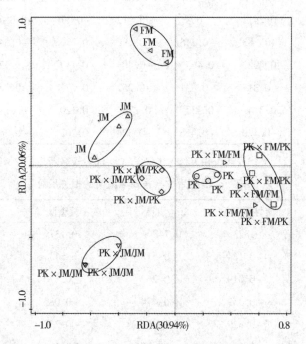

图 5－6　土壤化学成分及营建方式与各样本的 RDA 分析

图 5－7 体现出营建方式和土壤化学成分对土壤真菌群落分布差异的贡献率。营建方式和土壤化学成分能够解释真菌群落变异的64%,其中营建方式占10.1%,化学成分占53.9%,而化学成分中总碳、总氮、总磷、有效钾、碱解氮和

有效磷所占比例分别为 12.2% 、9.9% 、9.7% 、9.5% 、6.3% 和 6.3% 。

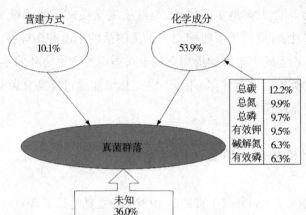

图 5 - 7 土壤化学成分及营建方式对土壤真菌群落结构的影响

5.4 讨论

5.4.1 阔叶红松林土壤真菌群落丰度及多样性

本章通过高通量测序方法来研究红松针阔叶营建方式对土壤真菌群落多样性的影响,分析土壤化学成分、土壤酶活性与真菌群落之间的相关性,并进一步量化了营建方式及土壤化学成分对土壤真菌群落结构的影响。本书的测序覆盖度达到99%以上,该结果表明测序结果能够充分反映不同处理下土壤真菌群落多样性和结构。对真菌群落的丰度指数(Ace 和 Chao 1)和多样性指数(Shannon 和 Simpson)进行分析,我们发现红松分别与胡桃楸、水曲柳混交,其丰度指数(Ace 和 Chao 1)均高于纯林,但未达到显著水平;与红松混交,胡桃楸和水曲柳土壤真菌群落丰度指数的变化有所不同,表现为混交后的胡桃楸高于纯林,而混交后的水曲柳则低于纯林,但未达到显著水平。比较不同处理间土壤真菌群落多样性指数(Shannon 和 Simpson)发现,胡桃楸、水曲柳混交,红松土壤真菌群落多样性降低,但未达到显著水平;与红松混交,胡桃楸和水曲柳土壤真菌群落多样性变化不同,混交提高了胡桃楸土壤真菌群落多样性,却减低了水曲柳土壤真菌群落多样性,但均未达到显著水平。上述结果表明,不同林型土壤真菌群落对营建方式的响应有所不同,与胡桃楸和水曲柳混交提高了红松土壤真菌群落的丰度,却降低了多样性,与红松混交提高了胡桃楸土壤真菌群落的丰度和多样性,却降低了水曲柳土壤真菌群落的丰度和多样性。Weber 等人认为在一个生态系统中丰度的提高有利于减弱主要竞争菌种的主控作用,并能够促进微生物类群的和谐共存。因此,混交林可能通过提高真菌群落丰度或多样性来影响树木的生长。

5.4.2 阔叶红松林土壤真菌群落结构

所获得的测序序列分属于真菌的 10 个门,主要包括了 Ascomycota、Basidiomycota、Zygomycota、Fungi_unclassified,其所在比例分别为 40.08%、38.02%、12.68% 和 8.60%。而 4 个菌门中,Ascomycota、Basidiomycota、Zygomycota 为优势菌群,占了全部序列 90.78%,这 3 种菌门广泛分布在森林土壤生态系统中,也是土壤中主要的分解者。尽管主要菌门是一致的,但其丰度在不同处理间却有显著差异。红松与胡桃楸混交,显著提高了红松和胡桃楸土壤 Ascomycota 的丰度,而红松与水曲柳混交,显著提升了红松和水曲柳土壤 Basidiomycota 的丰度,显著降低了 Ascomycota 的丰度。Ascomycota 所含大多为腐生菌,对很多难分解的有机质有很强的降解作用。红松凋落物的主要成分是难以分解的木质素和纤维素,因此与红松混交后胡桃楸土壤 Ascomycota 的丰度显著提高,而降解植物残体木质素的 Basidiomycota,其对林型的敏感程度高,则其在红松与水曲柳混交时的丰度显著提高。因此,营建方式显著影响了土壤主要真菌的丰度,而这种改变包括正向的,也包括负向的。就像红松与阔叶林之间的树木交互作用有积极的,亦有消极的。

通过对土壤真菌属水平的分析,本书发现针阔叶混交这一方式影响了一些功能性菌属。众所周知,菌根是植物与真菌之间互利互惠的共生体,其能促进树木与真菌间的物质交换、能量流动和信息传递等。本书中,能够和树木形成外生菌根的有 Tricholoma、Inocybe、Lactarius、Russula、Cortinarius 和 Tuber。其中 Inocybe 通过外生菌根为树木提供无机盐,而能够形成外生菌根的针阔叶树木包括松科、壳斗科、桦木科、椴树科和胡桃科中的树木。营建方式影响了以上菌属的丰度。红松和胡桃楸混交显著提高了红松土壤 Tricholoma 的丰度,提高了胡

桃楸土壤 *Inocybe* 的丰度,却降低了红松土壤 *Inocybe* 的丰度;红松和水曲柳混交不仅显著提高了红松土壤 *Inocybe*、*Lactarius*、*Russula* 和 *Cortinarius* 的丰度,也显著提高了水曲柳土壤 *Lactarius*、*Russula*、*Inocybe* 和 *Tuber* 的丰度。相关研究表明,相对于纯林,混交林能够提高生态系统功能性和服务性,其中就包括增强树木生产力、提高土壤养分和增加土壤微生物多样性等。

在 Venn 分析中,红松林(包括纯林及 2 个混交林)共得到 428 个 OTU。胡桃楸林和水曲柳林(分别包括纯林及 1 个混交林)分别共得到 314 和 269 个 OTU。PK、PK×JM/PK 和 PK×FM/PK 含有 54 个共同 OTU,JM 和 PK×JM/JM 含有 81 个共同 OTU,FM 和 PK×FM/FM 含有 72 个共同 OTU,这些 Venn 图交叠区域的共同 OTU 所从属的真菌应该是森林土壤的核心真菌群落,是真菌群落中的共享成员。但不同处理也拥有各自的特异 OTU,说明不同林型和不同营建方式下土壤真菌群落均有一定的特异性。

RDA 分析了营建方式及土壤化学成分对各处理土壤真菌群落结构相似性的影响。不同处理在 RDA 轴上出现了明显的差异,在第一排序轴(30.94%)上,JM、FM、PK×JM/PK 和 PK×JM/JM 均分布在负方向上,PK、PK×FM/PK 和 PK×FM/FM 均分布在正方向上。在第二排序轴(20.06%)上,JM 和 PK×JM/JM 进一步被分开。可知 JM 和 FM 土壤真菌群落的结构较相似,JM 和 PK×JM/JM 虽在第一排序轴上被分到同一侧,但在第二排序轴上被分开,说明同一林型土壤真菌群落虽相似,但由于营建方式不同,也存在一定差异。

5.4.3 混交林土壤真菌群落与土壤化学成分、土壤酶活性的关系

通过土壤化学成分与土壤真菌的相关性分析,我们发现总氮、碱解氮、总磷、有效钾和总碳的含量均与 Basidiomycota 呈显著负相关,说明 Basidiomycota 的丰度变化显著影响了土壤化学成分。因此营建方式不仅直接影响土壤化学成分,又通过调节土壤真菌群落丰度间接影响土壤化学成分。土壤酶活性与土壤真菌的相关性分析表示,脲酶和过氧化氢酶与主要真菌均有显著相关性,说明脲酶和过氧化氢酶可能主要来源于土壤真菌的分泌。乔沙沙等人的研究得出了与此一致的结论。研究人员发现,土壤真菌群落结构与土壤理化指标有着显著的相关性。本书通过 VPA 分析量化了营建方式和土壤化学成分对土壤真

菌群落结构差异的贡献率。营建方式和土壤化学成分能够解释真菌群落变异的 64%,其中营建方式占 10.1%、化学成分占 53.9%,而化学成分中总碳、总氮、总磷、有效钾、碱解氮和有效磷所占比例分别为 12.2%、9.9%、9.7%、9.5%、6.3% 和 6.3%。结果表明,对土壤真菌群落影响最大的是土壤化学成分总碳,其次为营建方式。

5.5 本章小结

(1)本书所获得的测序序列分属于真菌的 10 个菌门,其中包括了 Ascomycota、Basidiomycota、Zygomycota、Fungi_unclassified。不同林型下土壤真菌群落对营建方式的响应有所不同,与胡桃楸和水曲柳混交提高了红松土壤真菌群落的丰度,降低了多样性,与红松混交提高了胡桃楸土壤真菌群落的丰度和多样性,降低了水曲柳土壤真菌群落的丰度和多样性。

(2)PK×FM/FM 真菌群落结构与 PK 的相似度高于与 FM 的相似度,PK×JM/JM 真菌群落结构与 PK×JM/PK 的相似度高于与 JM 的相似度,表明针阔叶混交这一方式改变了土壤真菌群落结构。营建方式对红松、胡桃楸和水曲柳土壤真菌群落的影响还表现在对真菌生长的影响。一方面,混交促进了一些功能真菌的生长,其丰度高于相应纯林,如 Tricholoma 和 Lactarius 等;另一方面,混交抑制了一些功能真菌的生长,其丰度低于相应纯林,如 Inocybe。

(3)主要菌门 Basidiomycota 的丰度变化显著影响了土壤总氮、碱解氮、总磷、有效钾和总碳的含量,可能是营建方式通过调节土壤优势菌门丰度来影响土壤化学成分。脲酶和过氧化氢酶与主要真菌均有显著相关性,说明脲酶和过氧化氢酶可能主要来源于土壤真菌的分泌。VPA 分析量化了营建方式和土壤化学成分对土壤真菌群落结构差异的贡献率。对土壤真菌群落影响最大的是土壤化学成分总碳,其次为营建方式。

6 人工阔叶红松林土壤氨氧化微生物群落结构及多样性

6.1　研究样地及研究方法

6.1.1　样地概况

试验样地设于黑龙江省尚志市境内的东北林业大学帽儿山尖砬沟森林培育试验站,选取 3 个人工纯林和 2 个人工混交林,分别为红松纯林、胡桃楸纯林、红松和胡桃楸混交林、水曲柳纯林、红松和水曲柳混交林。混交为带状混交,株行距为 1.5 m×2 m,各混交林试验林型之间被次生林间隔。各林分处于同一地块,坡度平均为 7°。

6.1.2　研究方法

完成样地设置后,对 5 种林型所对应的 7 种土壤(PK、JM、FM、PK×JM/PK、PK×JM/JM、PK×FM/PK、PK×FM/FM)进行取样,在每个样地随机选取 3 个 10 m×20 m 的样方,作为 3 次重复,运用"10 点"取样法在各个样方进行取样,去除地表凋落物层,在样方内采集土层 0～10 cm 土壤样品,分别将在每块样方内采集的土样进行混匀处理,去掉土壤中可见动植物残体和植物根系。将采集的土样与冰袋同时存放并迅速带回实验室,将土样立即过 2 mm 土壤筛,放于 −80 ℃ 中保存,待提取土壤 DNA。

6.1.2.1　土壤微生物基因组 DNA 提取

本试验使用强力土壤 DNA 提取试剂盒进行土壤微生物基因组 DNA 的提取。

6.1.2.2　氨氧化微生物 *amoA* 基因片段的 PCR 扩增

本书的氨氧化微生物包括氨氧化古菌(AOA)和氨氧化细菌(AOB)。

（1）氨氧化古菌 PCR 扩增

①引物序列

引物 1:5'– STAATGGTCTGGCTTAGACG – 3'

引物 2:5'– GCGGCCATCCATCTGTATGT – 3'

②PCR 反应体系

5 × Fast Pfu	4 μL
2.5 mmol/L dNTP	2 μL
引物 1 (5 mmol/L)	0.8 μL
引物 2 (5 mmol/L)	0.8 μL
模板 DNA	10 ng
Fast Pfu 聚合酶	0.4 μL
ddH$_2$O	补足至 20 μL

③PCR 反应程序

95 ℃ , 5 min

95 ℃ , 30 s

53 ℃ , 30 s   } 35 个循环

72 ℃ , 45 s

72 ℃ , 5 min

10 ℃保存

为了避免假阳性结果,PCR 扩增过程需要做对照,即无模板 DNA。每个样本 3 次重复,将同一样本的 PCR 产物混合。

④PCR 产物检测及定量

将同一样本的产物用 2% 琼脂糖凝胶电泳检测,使用 AxyPrepDNA 凝胶回收试剂盒切胶回收 PCR 产物,Tris – HCl 洗脱,2% 琼脂糖凝胶电泳检测。根据电泳初步定量结果,将 PCR 产物用 QuantiFluor™ – ST 蓝色荧光定量系统进行检测定量,之后按照每个样本的测序量要求,进行相应比例的混合。

（2）氨氧化细菌 PCR 扩增

①引物序列

引物 1:5'– GGGGTTTCTACTGGTGGT – 3'

引物 2:5'– CCCCTCKGSAAAGCCTTCTTC – 3'

②PCR 反应体系

5 × Fast Pfu	4 μL
2.5 mmol/L dNTP	2 μL
引物 1 (5 mmol/L)	0.8 μL
引物 2 (5 mmol/L)	0.8 μL
模板 DNA	10 ng
Fast Pfu 酶	0.4 μL
ddH$_2$O	补足至 20 μL

③PCR 反应程序

95 ℃, 5 min

95 ℃, 30 s

55 ℃, 30 s   35 个循环

72 ℃, 45 s

72 ℃, 5 min

10 ℃保存

为了避免假阳性结果,PCR 扩增过程需要做对照,即无模板 DNA。每个样本 3 次重复,将同一样本的 PCR 产物混合。

④PCR 产物检测及定量

将同一样本的产物用 2% 琼脂糖凝胶电泳检测,使用 AxyPrepDNA 凝胶回收试剂盒切胶回收 PCR 产物,Tris – HCl 洗脱,2% 琼脂糖凝胶电泳检测。根据电泳初步定量结果,将 PCR 产物用 QuantiFluor™ – ST 蓝色荧光定量系统进行检测定量,之后按照每个样本的测序量要求,进行相应比例的混合。

6.1.2.3 高通量测序数据处理及分析

(1)测序数据处理流程

处理流程参见图 4 – 1。

(2)OTU 聚类分析

可根据不同的相似度水平,对所有序列进行 OTU 划分,通常对 97% 相似水平的 OTU 进行生物信息统计分析。

（3）分类学分析

为了得到每个 OTU 对应的物种分类信息，采用 RDP classifier 贝叶斯算法对 80% 相似水平的 OTU 代表序列进行分类学分析，并分别在各个分类水平统计各样本的群落组成。对比数据库为 NT 库。

（4）α 多样性分析

利用 97% 相似度水平的 OTU 制作稀释性曲线，同时应用 MOTHUR 软件进行样本的多样性分析，其包括菌群丰度的指数（Ace 指数和 Chao 1 指数）和菌群多样性的指数（Shannon 指数和 Simpson 指数）。

（5）β 多样性分析

基于各样本序列间的进化关系及丰度信息来计算样本间距离，有多种方法，如 Euclidean 距离、Bray curtis 距离、Jaccard 距离等，本书选择了 Bray curtis 距离来展示样本间的差异。

6.2　统计分析

结果中的数据使用的是样品 3 次重复的平均值 ± 标准差；利用 One–way ANOVA 分析不同处理之间 α 多样性指数的差异；利用 STAMP 分析进行组间的差异分析，使有显著丰度差异的土壤氨氧化微生物可视化；采用 Pearson 相关系数分析土壤化学成分及土壤酶活性与土壤氨氧化微生物（不同分类水平）之间的相互关系；用 Canoco 5.0 对营建方式、土壤中各化学成分及各样本土壤氨氧化微生物种水平 OTU 进行冗余分析。

6.3　结果与分析

6.3.1　阔叶红松林土壤氨氧化微生物测序深度检测

由图 6–1 可知，无论是氨氧化古菌还是氨氧化细菌，各样本所获得的 OTU 数量均随着抽取序列数的增加，最终趋于稳定，说明抽取更多序列并不能获得更多的 OTU 种类，进而说明测序数量是合理的，测序深度足够代表整个样本。

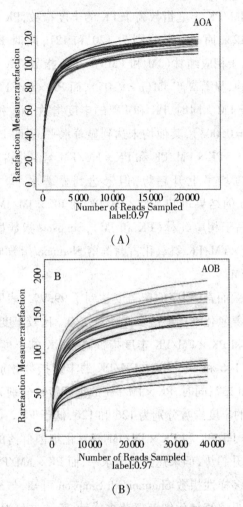

图 6 - 1　各样本的稀释性曲线

6.3.2　阔叶红松林土壤氨氧化微生物群落丰度及多样性

通过计算氨氧化微生物群落丰度和多样性来揭示各样本的群落情况,计算指标包括丰度指数 Ace 和 Chao 1、多样性指数 Shannon 和 Simpson(表 6 - 1 和表 6 - 2)。所有样本基于最小序列数量进行抽平。

对于氨氧化古菌而言,其测序的覆盖度达到了 99.9%,表明测序结果能够较好反映该样本内的氨氧化古菌群落多样性与结构。比较丰度指数 Ace 和

Chao 1 可知,PK×JM/PK 丰度指数高于 PK 的丰度指数,PK×JM/PK 的丰度指数分别为 122 和 124,而 PK 则分别为 120 和 121;同时 PK×JM/JM、PK×FM/FM丰度指数高于相应纯林(JM 和 FM)的丰度指数,PK×JM/JM 的丰度指数分别为 117 和 114,显著高于 JM($p < 0.05$),而 PK×FM/FM 的丰度指数分别为 121 和 122,高于 FM。同时,PK 和 FM 的丰度指数 Ace 和 Chao 1 显著高于 JM($p = 0.002$ 和 $p = 0.003$),其他均未达到显著水平,说明 PK 和 FM 氨氧化古菌群落丰度高于 JM。PK×FM/PK 和 PK×FM/FM 氨氧化古菌群落的丰度较相应纯林(PK 和 FM)均呈上升趋势,但未达到显著水平。比较多样性指数 Shannon 和 Simpson 的结果可知,PK×JM/PK 和 PK×JM/JM 氨氧化古菌群落 Shannon 指数显著高于相应纯林(PK 和 JM),Simpson 指数显著低于相应纯林(PK 和 JM);而 PK×FM/PK 氨氧化古菌群落 Shannon 指数显著高于 PK,PK×FM/FM 显著低于 FM。

对于氨氧化细菌而言,测序的覆盖度达到了 99.9%,表明测序结果能够较好反映该样本内的氨氧化细菌群落多样性与结构。比较丰度指数 Ace 和Chao 1 可知,PK×JM/PK 和 PK×FM/PK 丰度指数高于 PK 的丰度指数,PK×JM/PK 的丰度指数分别为 146 和 146,PK×FM/PK 的丰度指数分别为 146 和 146,而 PK 则分别为 134 和 132;同时,PK×JM/JM 的丰度指数分别为 160 和 161,高于 JM。PK×FM/FM 的丰度指数分别为 126 和 126,低于 FM。但以上均未达到显著水平。说明 PK×JM/PK 和 PK×JM/JM 氨氧化细菌群落的丰度较相应纯林(PK 和 JM)均呈上升趋势,但未达到显著水平,而 PK×FM/FM 较 FM 呈现相反的变化趋势。比较多样性指数 Shannon 和 Simpson 可知,与胡桃楸和水曲柳混交并没有提高红松土壤氨氧化细菌群落多样性,而与红松混交,胡桃楸和水曲柳土壤氨氧化细菌群落多样性呈现相同变化,混交后胡桃楸和水曲柳的土壤氨氧化细菌群落多样性低于相应纯林。

表6-1　阔叶红松林土壤氨氧化古菌群落丰度及多样性指数

处理	OTU	Ace	Chao 1	Coverage	Shannon	Simpson
PK	116±1c	120±3b	121±4bc	0.999 6	3.18±0b	0.094±0.003b
PK×JM/PK	117±2c	122±4b	124±5c	0.999 6	3.26±0.03c	0.084±0.004a
PK×FM/PK	114±3bc	120±4b	120±5bc	0.999 6	3.28±0.03c	0.077±0.003a
JM	108±2a	111±3a	111±3a	0.999 7	3.04±0.02a	0.108±0.004c
PK×JM/JM	111±3ab	117±1b	114±2ab	0.999 6	3.27±0.05c	0.083±0.005a
FM	116±2bc	120±2b	120±4bc	0.999 6	3.27±0.03c	0.079±0.003a
PK×FM/FM	118±3c	121±4b	122±4c	0.999 7	3.20±0.01b	0.099±0.005b

注:各指标为每个处理3次重复的平均值±标准差。小写字母代表样本间差异显著（$p<0.05$）。

表6-2　阔叶红松林土壤氨氧化细菌群落丰度及多样性指数

处理	OTU	Ace	Chao 1	Coverage	Shannon	Simpson
PK	122±30	134±30	132±33	0.999 5	2.88±0.42	0.094±0.029
PK×JM/PK	131±35	146±33	146±36	0.999 5	2.8±0.6	0.123±0.069
PK×FM/PK	137±59	146±59	146±59	0.999 5	2.66±0.57	0.145±0.039
JM	130±45	140±47	140±49	0.999 6	2.99±0.62	0.094±0.043
PK×JM/JM	150±58	160±61	161±62	0.999 5	2.97±0.69	0.102±0.056
FM	142±57	156±67	155±68	0.999 5	2.41±0.65	0.204±0.094
PK×FM/FM	120±51	126±53	126±55	0.999 7	2.27±0.63	0.206±0.088

注:各指标为每个处理3次重复的平均值±标准差。

6.3.3　阔叶红松林土壤氨氧化微生物群落结构

将不同处理下所获得的序列进行分类学分析,氨氧化古菌的测序结果从属于3个门[图6-2(A)],分别是 Crenarchaeota(泉古菌门)、Thaumarchaeota(奇古菌门)、Unclassified。Crenarchaeota、Thaumarchaeota 为优势菌群,占了全部序列的99.9%。不同处理的群落结构有所差异,Crenarchaeota 所占比例最高,其比例范围为51.61%~71.25%。Thaumarchaeota 次之。如图6-2(B)~(D)所示,PK×JM/PK 的 Crenarchaeota(50.75%)显著低于 PK(66.03%);PK×JM/

JM 的 Crenarchaeota(58.61%)显著高于 JM(51.61%)，PK × JM/JM 的 Thaumarchaeota(41.38%)显著低于相应 JM(48.39%)；PK × FM/FM 的 Crenarchaeota(56.95%)显著低于 FM(71.25%)，PK × FM/FM 的 Thaumarchaeota(43.05%)显著高于 FM(28.75%)。

氨氧化细菌的测序结果从属于 5 个门(图 6 - 3)，分别是 Proteobacteria、Unclassified、Gemmatimonadetes、Acidobacteria、Actinobacteria。Proteobacteria 占了全部序列的 98%。不同处理的主要菌门有所差异，PK × JM/PK 的 Proteobateria (99.43%)的丰度高于 PK(99.20%)，同时 PK × JM/JM 的 Proteobateria (98.66%)的丰度高于 JM(98.58%)。PK × FM/PK 的 Proteobateria(98.67%)的丰度低于 PK(99.20%)，PK × FM/FM 的 Proteobateria(99.29%)的丰度高于 FM(93.39%)。

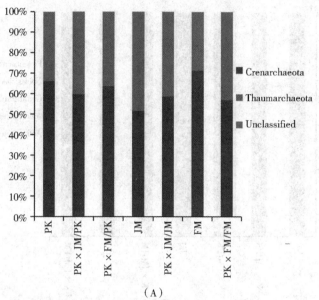

（A）

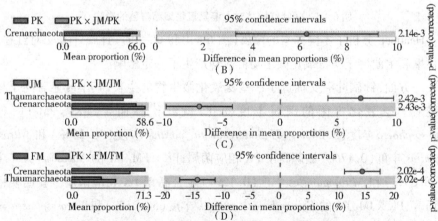

图 6-2　阔叶红松林对土壤氨氧化古菌群落的影响

注:A 为在门水平下各处理氨氧化古菌群落组成;(B)~(E)为 STAMP 分析不同处理间在门水平的氨氧化古菌群落差异。

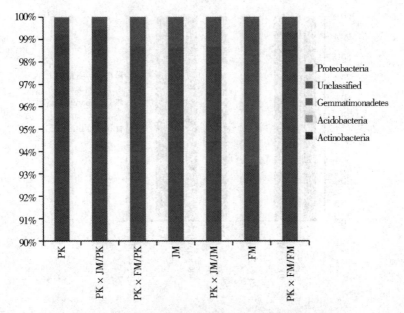

图6-3　阔叶红松林对土壤氨氧化细菌群落的影响

Heatmap 分析了不同样本的菌属(图6-4和6-5)。针阔叶混交对红松、胡桃楸和水曲柳土壤氨氧化微生物群落均产生了一定影响。

一方面,针阔叶混交促进了一些氨氧化微生物的生长,其丰度显著高于相应纯林。氨氧化古菌的菌属丰度变化,就红松林而言,PK × JM/PK 的 *Nitrososphaera* 丰度(3.84%)、*Thaumarchaeota_norank* 丰度(36.23%)和 *Nitrosopumilus* 丰度(0.17%)显著高于 PK 相应菌属;PK × FM/PK 的 *Nitrososphaera* 丰度(8.63%)和 *Nitrosopumilus* 丰度(0.12%)显著高于 PK 相应菌属。就胡桃楸林而言,PK × JM/JM 的 *Crenarchaeota_norank* 丰度(58.61%)和 *Nitrososphaera* 丰度(5.32%)显著高于 JM 相应菌属。就水曲柳而言,PK × FM/FM 的 *Nitrososphaera* 丰度(8.43%)、*Nitrosopumilus* 丰度(0.17%)和 *Thaumarchaeota_norank* 丰度(34.45%)显著高于 FM 相应菌属。氨氧化细菌的菌属丰度变化,就红松而言,PK × JM/PK 的 *Nitrosospira* 丰度(99.43%)高于 PK 相应菌属丰度(99.13%);就水曲柳而言,PK × FM/FM 的 *Nitrosospira* 丰度(99.24%)显著高于 FM 相应菌属丰度(93.34%)。

另一方面,针阔叶混交抑制了一些氨氧化微生物的生长,其丰度显著低于相应纯林。氨氧化古菌的菌属丰度变化,对于红松而言,PK × JM/PK 的 *Crenar-*

chaeota_norank 丰度(59.75%)显著降低,而 PK × FM/PK 的 *Thaumarchaeota_norank* 丰度(63.70%)显著低于 PK 相应菌属。对胡桃楸而言,PK × JM/JM 的 *Thaumarchaeota_norank* 丰度(35.80%)显著低于 JM 相应菌属。对水曲柳而言, PK × FM/FM 的 *Crenarchaeota_norank* 丰度(56.95%)显著低于 FM 相应菌属。 氨氧化细菌的菌属丰度变化,就红松而言,PK × FM/PK 的 *Nitrosospira* 丰度 (98.65%)低于 PK 相应菌属丰度(99.13%);就水曲柳而言,PK × FM/FM 的 *Nitrosospira* 丰度(98.51%)低于 FM 相应菌属丰度(98.57%)。

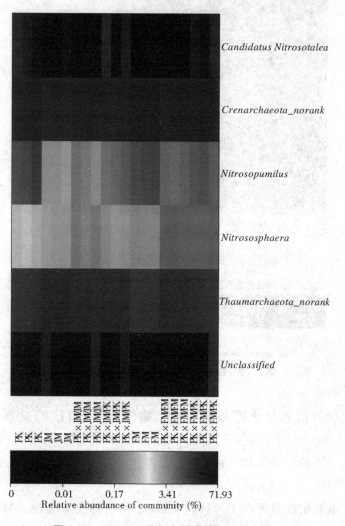

图6-4 Heatmap **分析各样本的氨氧化古菌**

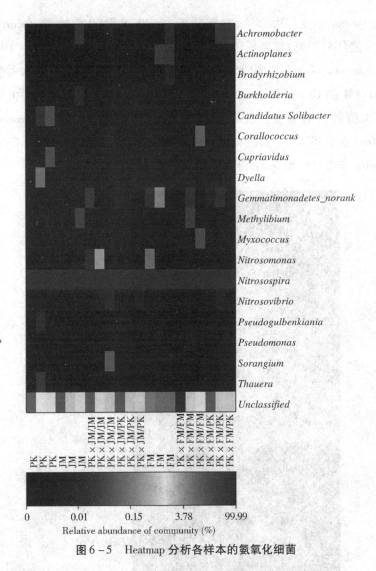

图 6-5　Heatmap 分析各样本的氨氧化细菌

6.3.4　阔叶红松林土壤氨氧化微生物种水平 OTU 的关系

　　Venn 图(图 6-6 和图 6-7)揭示了各处理下全部可观察到的氨氧化微生物种水平 OTU。

　　对于氨氧化古菌种水平 OTU,红松(包括纯林及 2 个混交林)[图 6-6(A)]共得到 235 个 OTU。其中,PK 含有 79 个菌种,PK×JM/PK 含有 77 个菌种,PK×FM/PK 含有 79 个菌种。PK、PK×JM/PK 和 PK×FM/PK 含有 24 个共同 OTU,同时分别含有 38、32 和 35 个特有 OTU。对于胡桃楸和水曲柳(分别包括纯林及 1 个混交林)[图 6-6(B)],分别共得到 150 和 161 个 OTU。其中 JM 含有 71 个菌种,PK×JM/JM 含有 79 个菌种,FM 含有 80 个菌种,PK×FM/FM 含有 81 个菌种。JM 和 PK×JM/JM 含有 30 个共同 OTU,同时分别含有 41 和 49 个特有 OTU;FM 和 PK×FM/FM 含有 33 个共同 OTU,同时分别含有 47 和 48 个特有 OTU。

对于氨氧化细菌种水平 OTU,红松(包括纯林及 2 个混交林)[图 6-7(A)]共得到 244 个 OTU。其中,PK 含有 73 个菌种,PK×JM/PK 含有 86 个菌种,PK×FM/PK 含有 85 个菌种。PK、PK×JM/PK 和 PK×FM/PK 含有 20 个共同 OTU,同时分别含有 36、43 和 43 个特有 OTU。对于胡桃楸林和水曲柳林(分别包括纯林及 1 个混交林)[图 6-7(B)],分别共得到 178 和 147 个 OTU。其中 JM 含有 85 个菌种,PK×JM/JM 含有 93 个菌种,FM 含有 78 个菌种,PK×FM/FM 含有 69 个菌种。JM 和 PK×JM/JM 含有 38 个共同 OTU,同时分别含有 47 和 55 个特有 OTU;FM 和 PK×FM/FM 含有 25 个共同 OTU,同时分别含有 53 和 44 个特有 OTU。由此可知,不同营建方式下的同一林型有其特定的氨氧化微生物菌种,而不同营建方式也引起了土壤氨氧化微生物种的差异。

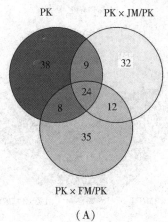

（A）

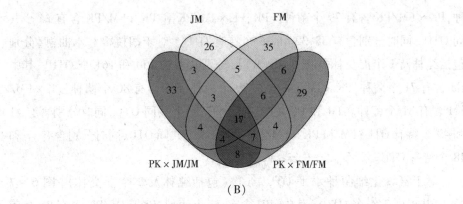

（B）

图 6-6　阔叶红松林土壤氨氧化古菌种水平 OTU 的关系

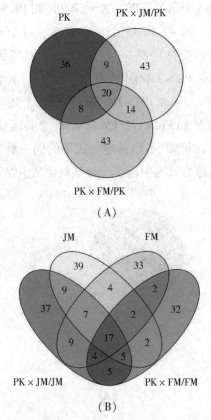

（A）

（B）

图 6-7　阔叶红松林土壤氨氧化细菌种水平 OTU 的关系

6.3.5 土壤化学成分及酶活性对优势氨氧化微生物门水平的影响

表6-3和表6-4展示了土壤化学成分和酶活性分别与3个氨氧化古菌门间的相关系数。在门水平,仅总碳与主要氨氧化古菌门有显著相关性,主要表现为总碳与 Crenarchaeota 呈显著负相关,相关系数为 -0.448;与 Thaumarchaeota 呈显著正相关,相关系数为0.448。由表6-4可知,仅脲酶与主要氨氧化古菌门有显著相关性,主要表现为脲酶与 Crenarchaeota 呈显著负相关,相关系数为 -0.558;与 Thaumarchaeota 呈显著正相关,相关系数为0.558。

表6-5和表6-6展示了土壤化学成分和酶活性分别与5个氨氧化细菌门间的相关系数。在门水平(表6-5),仅有效钾与 Acidobacteria 呈显著负相关,其相关系数为 -0.473。由表6-6可知,酶活性与5个氨氧化细菌门均未达到显著水平。

表6-3 土壤化学成分与各氨氧化古菌门的相关系数

	总氮	碱解氮	总磷	有效磷	有效钾	总碳
Crenarchaeota	-0.069	0.115	-0.271	-0.111	-0.104	-0.448 *
Thaumarchaeota	0.069	-0.115	0.270	0.111	0.103	0.448 *
Unclassified	0.041	-0.134	0.080	0.217	0.112	0.051

注:样本数 $n = 21$,* 代表显著相关($p < 0.05$),* * 代表极显著相关($p < 0.01$)。

表6-4 土壤酶活性与各氨氧化古菌门的相关系数

	酸性磷酸酶	脲酶	蔗糖酶	过氧化氢酶
Crenarchaeota	0.040	-0.558 *	0.050	-0.132
Thaumarchaeota	-0.040	0.558 *	-0.050	0.132
Unclassified	-0.076	-0.009	-0.174	-0.131

注:样本数 $n = 21$,* 代表显著相关($p < 0.05$),* * 代表极显著相关($p < 0.01$)。

表6-5 土壤化学成分与各氨氧化细菌门的相关系数

	总氮	碱解氮	总磷	有效磷	有效钾	总碳
Proteobacteria	-0.010	-0.191	-0.346	0.155	-0.330	0.117
Unclassified	0.011	0.189	0.347	-0.153	0.330	-0.115

续表

	总氮	碱解氮	总磷	有效磷	有效钾	总碳
Gemmatimonadetes	-0.015	0.214	0.224	-0.168	0.265	-0.139
Acidobacteria	-0.007	0.064	-0.069	-0.131	-0.473*	-0.151
Actinobacteria	-0.034	0.212	0.261	-0.165	0.317	-0.185

注:样本数 $n=21$,*代表显著相关($p<0.05$),**代表极显著相关($p<0.01$)。

表6-6 土壤酶活性与各氨氧化细菌门的相关系数

	酸性磷酸酶	脲酶	蔗糖酶	过氧化氢酶
Proteobacteria	-0.236	0.182	-0.240	-0.123
Unclassified	0.237	-0.181	0.239	0.121
Gemmatimonadetes	0.151	-0.203	0.244	0.173
Acidobacteria	-0.204	0.193	-0.202	0.188
Actinobacteria	0.161	-0.240	0.317	0.141

注:样本数 $n=21$,*代表显著相关($p<0.05$),**代表极显著相关($p<0.01$)。

6.3.6 土壤化学成分及酶活性对优势氨氧化微生物属水平的影响

表6-7和表6-8展示了土壤化学成分和酶活性分别与6个氨氧化古菌属间的相关系数。

Crenarchaeota_norank 仅与总碳呈极显著负相关,相关系数为-0.448。*Thaumarchaeota_norank* 分别与总磷和总碳呈显著和极显著正相关,相关系数为0.468和0.563。*Nitrososphaera* 分别与碱解氮和总磷呈显著和极显著负相关,相关系数为-0.434和-0.572。*Nitrosopumilus* 与总磷和总碳均呈极显著正相关,相关系数分别为0.590和0.651。

由表6-8可知,脲酶与4种菌属有显著相关性,与 *Thaumarchaeota_norank* 和 *Nitrosopumilus* 均呈极显著正相关,相关系数分别为0.801和0.660;与 *Crenarchaeota_norank* 和 *Nitrososphaera* 均呈极显著负相关,相关系数分别为-0.558和-0.711。蔗糖酶与 *Candidatus Nitrosotalea* 呈极显著负相关,相关系数为-0.564。过氧化氢酶与 *Nitrososphaera* 呈极显著负相关,相关系数为-0.722。

表6-9和表6-10展示了土壤化学成分和酶活性分别与6个主要氨氧化

细菌属间的相关系数。在属水平(表6-8),*Nitrosomonas* 与总氮和碱解氮均呈显著正相关,相关系数分别为0.481和0.449。由表6-9可知,酶活性与6个主要氨氧化细菌属的相关性均未达到显著水平。

表6-7 土壤化学成分与各氨氧化古菌属的相关系数

	总氮	碱解氮	总磷	有效磷	有效钾	总碳
Crenarchaeota_norank	-0.069	0.115	-0.271	-0.111	-0.104	-0.448 *
Thaumarchaeota_norank	0.185	0.046	0.468 *	0.062	0.131	0.563 * *
Nitrososphaera	-0.329	-0.434 *	-0.572 *	0.123	-0.095	-0.363
Nitrosopumilus	0.281	0.182	0.590 * *	0.075	0.366	0.651 * *
Candidatus Nitrosotalea	-0.189	-0.152	-0.194	-0.190	-0.270	-0.263
Unclassified	0.041	-0.134	0.080	0.217	0.112	0.051

注:样本数 $n=21$, * 代表显著相关($p<0.05$),* * 代表极显著相关($p<0.01$)。

表6-8 土壤酶活性与各氨氧化古菌属的相关系数

	酸性磷酸酶	脲酶	蔗糖酶	过氧化氢酶
Crenarchaeota_norank	0.040	-0.558 * *	0.050	-0.132
Thaumarchaeota_norank	0.075	0.801 * *	0.060	0.393
Nitrososphaera	-0.310	-0.711 * *	-0.298	-0.722 * *
Nitrosopumilus	0.093	0.660 * *	0.122	0.325
Candidatus Nitrosotalea	-0.018	-0.105	-0.564 * *	-0.149
Unclassified	-0.076	-0.009	-0.174	-0.131

注:样本数 $n=21$, * 代表显著相关($p<0.05$),* * 代表极显著相关($p<0.01$)。

表6-9 土壤化学成分与各氨氧化细菌属的相关系数

	总氮	碱解氮	总磷	有效磷	有效钾	总碳
Nitrosospira	-0.024	-0.204	-0.354	0.142	-0.335	0.107
Unclassified	0.011	0.189	0.347	-0.153	0.330	-0.115
Nitrosomonas	0.481 *	0.449 *	0.185	0.393	0.286	0.384
Gemmatimonadetes_norank	-0.015	0.214	0.224	-0.168	0.265	-0.139

注:样本数 $n=21$, * 代表显著相关($p<0.05$),* * 代表极显著相关($p<0.01$)。

表 6 – 10　土壤酶活性与各氨氧化细菌属的相关系数

	酸性磷酸酶	脲酶	蔗糖酶	过氧化氢酶
Nitrosospira	– 0.222	0.181	– 0.246	– 0.128
Unclassified	0.237	– 0.181	0.239	0.121
Nitrosomonas	– 0.362	– 0.035	0.292	0.128
Gemmatimonadetes_norank	0.151	– 0.203	0.244	0.173

注:样本数 $n = 21$, * 代表显著相关($p < 0.05$), * * 代表极显著相关($p < 0.01$)。

6.3.7　土壤化学成分、营建方式对土壤氨氧化微生物群落结构的影响

以不同样本的氨氧化微生物种水平 OTU 丰度为因变量、土壤化学成分及营建方式为变量进行冗余分析,其结果能够反映各处理间氨氧化微生物群落结构的相似性。由图 6 – 8(A)可知,第一排序轴和第二排序轴分别能解释样本中35.83% 和 29.54% 的变异。第一排序轴上的分布可分为两组,第一组包括 PK、FM、PK × JM/JM、PK × JM/PK 和 PK × FM/PK,第二组包括 JM 和 PK × FM/FM,相同组的土壤氨氧化古菌群落结构相似度大。PK、PK × JM/PK 和 PK、PK ×FM/PK 在第二排序轴上被进一步区分,说明其间仍存在一定差异。样本点之间的距离可以代表它们之间的关系。因此,可知 PK 与 PK × FM/PK 的相似度高于 PK 与 PK × JM/PK 的相似度。

由图 6 – 8(B)可知,第一排序轴和第二排序轴分别能解释样本中31.94%和 19.71%的变异。对于红松,第一排序轴上的分布可分为两组,第一组包括PK × JM/PK,第二组包括 PK 和 PK × FM/PK,相同组的土壤氨氧化细菌群落结构相似度大。在第二排序轴上并没有被进一步区分。样本点之间的距离可以代表它们之间的关系。因此,可知 PK 与 PK × FM/PK 的相似度高于 PK 与PK × JM/PK的相似度。

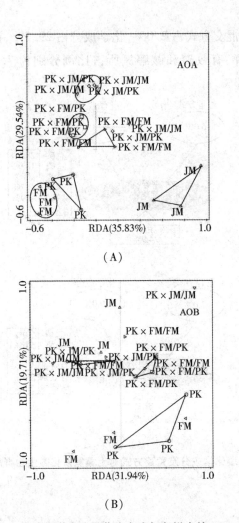

图 6-8　土壤化学成分及营建方式与各样本的 RDA 分析

　　VPA 分析揭示了营建方式和土壤化学成分对土壤氨氧化微生物群落分布差异的贡献率。图 6-9(A)所示为营建方式和土壤化学成分对土壤氨氧化古菌群落分布差异的贡献率。营建方式和土壤化学成分能够解释氨氧化古菌群落变异的 75.1%,其中营建方式占 6.0%,化学成分占 69.1%,而化学成分中总碳、总磷、总氮、有效钾、碱解氮和有效磷所占比例分别为 28.5%、18.9%、8.8%、8.7%、2.9% 和 1.2%。

　　如图 6-9(B)所示,营建方式和土壤化学成分对土壤氨氧化细菌群落分布差异的贡献率。营建方式和土壤化学成分共同仅能够解释氨氧化细菌群落变异的 31.0% ,其中混交方式占 2.0% ,化学成分占 29.0% ,而化学成分中总磷、总碳、总氮、有效钾、有效磷和碱解氮所占比例分别为 7.9% 、5.6% 、5.4% 、5.2% 、2.6% 和 2.3% 。

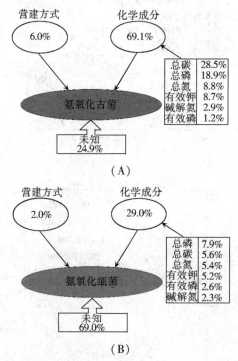

图 6-9　土壤化学成分及营建方式对土壤氨氧化微生物群落结构的影响

6.4　讨论

6.4.1　阔叶红松林土壤氨氧化微生物群落丰度及多样性

硝化作用作为土壤氮循环中非常重要的一个环节,包括两个转化过程:第一过程是将氨氧化成亚硝酸(NO_2^-),第二个过程为将亚硝酸氧化成硝酸(NO_3^-)。由于亚硝酸极易被氧化成硝酸,因此氨氧化过程成为硝化作用的限速环节。土壤氨氧化过程的主要功能菌群为氨氧化古菌和氨氧化细菌。本章通过高通量测序方法来研究红松针阔叶营建方式对土壤氨氧化微生物群落多样性的影响,并量化分析了营建方式及土壤化学成分对土壤氨氧化微生物群落结构的影响。

针对氨氧化古菌,本书的测序覆盖度均达到99.9%以上,该结果表明测序结果能够充分反映不同处理下土壤氨氧化古菌群落多样性和结构。对氨氧化古菌群落的丰度指数(Ace和Chao 1)和多样性指数(Shannon和Simpson)进行分析,结果表明:分别与胡桃楸、水曲柳混交,红松土壤氨氧化古菌群落丰度指数(Ace和Chao 1)提高,但未达到显著水平;与红松混交,胡桃楸土壤氨氧化古菌群落丰度指数(Ace)显著提高;与红松混交,水曲柳土壤氨氧化古菌群落丰度指数(Ace和Chao 1)提高,但未达到显著水平。比较不同处理间氨氧化古菌群落多样性指数(Shannon和Simpson),结果表明:红松与胡桃楸混交显著提高了红松和胡桃楸土壤氨氧化古菌群落多样性,而红松与水曲柳混交显著提高了红松土壤氨氧化古菌群落多样性,却显著降低了水曲柳土壤氨氧化古菌群落多样性。纯林土壤氨氧化古菌群落多样性降序排列为水曲柳>红松>胡桃楸,且差异均达到显著水平。黄蓉等人的研究表明不同林型下土壤氨氧化微生物丰度有所差异。姜欣华研究热带山地雨林3种林型土壤氨氧化古菌多样性发现,不同林型间氨氧化古菌丰度指数和多样性指数有显著差异。有研究者发现种植模式改变了土壤氨氧化古菌和氨氧化细菌群落的丰度。本书发现红松和胡桃楸混交提高了红松和胡桃楸土壤氨氧化古菌群落丰度和多样性,红松和水曲柳混交提高了红松土壤氨氧化古菌群落丰度和多样性,却降低了水曲柳土壤氨氧化古菌群落丰度和多样性。

针对氨氧化细菌,本书的测序覆盖度均达到99.9%以上,该结果表明测序结果能够充分反映不同处理下土壤氨氧化细菌群落多样性和结构。对氨氧化细菌群落的丰度指数(Ace和Chao 1)和多样性指数(Shannon和Simpson)进行分析,结果表明:与胡桃楸和水曲柳混交均提高了红松土壤氨氧化细菌的丰度,与红松混交提高了胡桃楸土壤氨氧化细菌群落的丰度,却降低了水曲柳土壤氨氧化细菌的丰度,以上结果均未达到显著差异。不同林型土壤氨氧化细菌群落多样性不同,胡桃楸最高,红松次之,水曲柳最低。比较不同处理间氨氧化细菌群落多样性指数(Shannon和Simpson),结果表明:红松与胡桃楸混交和红松与水曲柳混交均未提高土壤氨氧化细菌群落多样性。因此,林型和营建方式没有对土壤氨氧化细菌丰度和多样性产生显著影响。梁月明等人的研究结果与本书一致:不同林型对氨氧化细菌群落丰度没有显著影响。有研究则发现不同品种水稻土壤氨氧化细菌丰度和多样性有显著差异。

6.4.2 阔叶红松林土壤氨氧化微生物群落结构

对于氨氧化古菌,以上所获得的序列从属于 3 个菌门,即 Crenarchaeota、Thaumarchaeota、Unclassified。Crenarchaeota、Thaumarchaeota 占了全部序列 99.9%。Crenarchaeota 在不同处理中丰度最高,均超过 50%。另外,混交林土壤各氨氧化古菌门的丰度与纯林间存在显著差异。红松和胡桃楸混交对红松和胡桃楸土壤氨氧化古菌群落结构的影响不同,红松和胡桃楸混交显著降低了红松土壤 Crenarchaeota 的丰度,却显著提高了胡桃楸土壤 Crenarchaeota 的丰度,同时显著降低了胡桃楸土壤 Thaumarchaeota 的丰度。红松和水曲柳混交显著提高了水曲柳土壤 Thaumarchaeota 的丰度,显著降低了水曲柳土壤 Crenarchaeota 的丰度。路璐等人的研究表明不同林分间土壤氨氧化微生物群落结构存在明显的分异特征。纯林与混交林土壤氨氧化古菌群落结构差异的原因可能是混交林间林型配置不同,纯林为单一种,本书的混交林为红松和某阔叶林,同时针阔叶混交还将引起林内土壤化学成分改变。首先林型对氨氧化古菌产生一定影响。其次,土壤理化性质变化影响了氨氧化古菌群落。

在 Venn 分析中红松林(包括纯林及 2 个混交林)共得到 235 个 OTU。胡桃楸林和水曲柳林(分别包括纯林及 1 个混交林)分别共得到 150 和 161 个 OTU。PK、PK×JM/PK、PK×FM/PK 含有 24 个共同 OTU,JM 和 PK×JM/JM 含有 30 个共同 OTU,FM 和 PK×FM/FM 含有 33 个共同 OTU,这些 Venn 图交叠区域的共同 OTU 所从属的氨氧化古菌应该是本书土壤区域的核心氨氧化古菌群落。但不同处理也拥有各自的特异 OTU,说明不同林型和在不同营建方式下同一林型土壤氨氧化古菌群落均有一定的特异性。

本书分析了营建方式对各处理下土壤氨氧化古菌群落结构相似度的影响。不同处理在 RDA 轴上出现了明显的差异,在第一排序轴上,PK、PK×FM/PK、PK×JM/PK、FM 和 PK×JM/JM 均分布在负方向上,JM、PK×FM/FM 均分布在正方向上。在第二排序轴(29.54%)上,PK 与 PK×JM/PK 及 PK×FM/PK 进一步被分开。可知 FM 和 PK×FM/PK 氨氧化古菌群落结构较相似,PK 与 PK

×JM/PK 及 PK×FM/PK 氨氧化古菌群落结构较相似,均在第一排序轴上被分到同一侧,但在第二排序轴上被分开,说明同一林型土壤氨氧化古菌群落虽相似,但营建方式不同也将引起菌群结构的差异。通过不同处理所在位置,可知 PK×FM/PK 土壤氨氧化古菌群落结构与 PK 间的相似度高于 PK×JM/PK 与 PK 间的相似度。以上结果表明,红松针阔叶混交这一方式改变了土壤氨氧化古菌群落结构,而阔叶林种类的差异引起了不同程度的改变。

本书所获得的氨氧化细菌从属于 5 个门,分别为 Proteobacteria、Unclassified、Gemmatimonadetes、Acidobacteria、Actinobacteria,其中 Proteobacteria 占了全部序列 98%。不同处理的主要菌门有所差异,但未达到显著水平。在红松和胡桃楸混交林中,红松 Proteobateria 的丰度高于相应纯林,同时胡桃楸 Proteobateria 的丰度高于相应纯林。红松和水曲柳混交林中,红松 Proteobateria 的丰度低于相应纯林,水曲柳 Proteobateria 的丰度高于相应纯林。主要氨氧化细菌菌门的丰度在不同处理间没有显著差异,土壤氨氧化细菌属水平的分析显示主要菌门下主要菌属丰度在不同处理间亦没有显著差异。如 PK×FM/FM 的 *Nitrosospira* 的丰度高于 FM 的相应菌属,却未达到显著水平。纯林与混交林土壤氨氧化细菌群落结构没有显著差异的原因可能是所得氨氧化细菌群落较为单一,主要氨氧化细菌属仅有 *Nitrosospira*。

在 Venn 分析中红松(包括纯林及 2 个混交林)共得到 244 个 OTU。胡桃楸和水曲柳(分别包括纯林及 1 个混交林)分别共得到 178 和 147 个 OTU。PK、PK×JM/PK 和 PK×FM/PK 含有 20 个共同 OTU,JM 和 PK×JM/JM 含有 38 个共同 OTU,FM 和 PK×FM/FM 含有 25 个共同 OTU,这些 Venn 图交叠区域的共同 OTU 所从属的氨氧化细菌应该是本书土壤区域的核心氨氧化细菌群落。但不同处理也拥有各自的特异 OTU,说明不同林型和不同营建方式下同一林型土壤氨氧化细菌群落均有一定的特异性。

本书分析了营建方式及土壤化学成分对各处理下土壤氨氧化细菌群落结构相似度的影响。不同处理出现了明显的差异,在第一排序轴(31.94%)上,PK×JM/PK 分布在负方向上,PK、PK×FM/PK 分布在正方向上。在第二排序轴上,PK 与 PK×FM/PK 被进一步被分开。可知 PK 和 PK×FM/PK 氨氧化细菌群落结构较相似,均在第一排序轴上被分到同一侧,但在第二排序轴上被分开,说明同一林型土壤氨氧化细菌群落虽相似,但营建方式不同也将引起菌群结构的差异。通过不同处理所在位置,可知 PK × FM/PK 氨氧化细菌群落结构与 PK 间的相似度高于 PK × JM/PK 与 PK 间的相似度,以上结果表明,红松针阔叶混交这一方式影响了土壤氨氧化细菌群落结构,而阔叶林种类的差异引起了不同程度的改变。

6.4.3 混交林土壤氨氧化微生物群落与土壤化学成分、土壤酶活性的关系

土壤化学成分与土壤氨氧化古菌的相关性分析表明,营建方式改变了土壤化学成分,是促进群落结构改变的重要原因。土壤化学成分影响氨氧化古菌丰度主要表现为总碳与 Crenarchaeota_norank 和 Thaumarchaeota_norank 的丰度均显著相关,前者为显著负相关,后者为显著正相关。有研究表明土壤有机质和总氮含量与氨氧化古菌群落结构呈显著相关。VPA 分析表明营建方式和土壤化学成分能够解释土壤氨氧化古菌群落变异的 75.1%,营建方式占 6.0%,化学成分占 69.1%,总碳对解释土壤群落结构变异的贡献率最高,为 28.5%,总磷、总氮、有效钾的贡献率均高于营建方式的贡献率。因此,土壤化学成分是影响阔叶红松林土壤氨氧化古菌群落结构的主要因素。陈立新等人的研究表明土壤总碳与脲酶呈极显著正相关。酶活性与土壤氨氧化古菌的相关性分析表明脲酶与 Crenarchaeota_norank 和 Thaumarchaeota_norank 的丰度均显著相关,分别为显著负相关和显著正相关。

土壤化学成分与土壤氨氧化细菌的相关性分析表明,仅有效钾与 Acidobacteria 的丰度呈显著负相关,其他 5 个化学成分与氨氧化细菌均无显著相关。酶活性与土壤氨氧化细菌菌门的相关性分析表明 4 种酶活性与氨氧化细菌菌门均无显著相关。这一结果与有的研究结果不一致,如王翠华对艾比湖湿地不同植被土壤氨氧化细菌群落结构及多样性的研究表明,土壤氨氧化细菌群落结构与 3 种化学成分(盐度、有机质和速效钾)呈显著相关。VPA 分析结果表明营建方式和土壤化学成分并不能解释土壤氨氧化细菌群落结构变化的绝大部分,营建方式和土壤化学成分仅能解释 31% 的氨氧化细菌群落结构变异,其中最高的贡献率为总磷,未超过 10%,而营建方式的贡献率低于所有土壤化学成分。因此,混交这一方式并没有引起土壤氨氧化细菌群落的显著性变化。

6.5 本章小结

（1）氨氧化古菌菌群从属于 3 个门，即 Crenarchaeota、Thaumarchaeota、Unclassified。Crenarchaeota、Thaumarchaeota 为优势菌群，占了全部序列 99.9%。Crenarchaeota 在不同处理中丰度最高，均超过 50%。氨氧化细菌菌群从属于 5 个门，分别为 Proteobacteria、Unclassified、Gemmatimonadetes、Acidobacteria、Actinobacteria，其中 Proteobacteria 占了全部序列 98%。红松针阔叶混交这一方式改变了红松土壤氨氧化古菌群落结构，显著提高了红松土壤氨氧化古菌群落丰度及多样性，对胡桃楸和水曲柳的影响却有所不同，混交显著提高了胡桃楸土壤氨氧化古菌群落丰度及多样性，却显著降低了水曲柳土壤氨氧化古菌群落丰度及多样性。红松针阔叶混交这一方式并没有显著改变土壤氨氧化细菌群落结构及多样性。

（2）与水曲柳混交后的红松土壤氨氧化微生物群落结构和纯林土壤氨氧化微生物间的相似度高于与胡桃楸混交后的红松土壤氨氧化微生物和纯林土壤氨氧化微生物间的相似度，表明红松针阔叶混交这一方式影响了土壤氨氧化微生物群落结构，而阔叶林种类的差异引起了改变程度不同。

（3）总碳、总磷、总氮和有效钾是影响土壤氨氧化古菌群落结构的主要因素，其影响力高于营建方式。营建方式和土壤化学成分仅能解释土壤氨氧化细菌群落结构变化的 31%。

附　录

单位：%

附表 1　纯林和混交林土壤中细菌门分类水平的相对丰度值

门	1	2	3	4	5	6	7	8	9	10	11	12	13	14	15	16	17	18	19	20	21
Acidobacteria	19.80	20.17	17.08	14.39	15.71	16.54	15.23	17.32	16.79	7.96	21.22	21.75	15.05	17.18	15.33	21.43	12.17	13.99	24.05	20.53	17.15
Actinobacteria	19.40	21.05	22.64	25.08	24.70	25.19	25.76	23.79	24.49	29.86	22.21	22.66	28.11	23.67	23.36	17.66	21.65	20.87	17.97	18.08	21.02
Aerophobetes	0	0	0	0	0	0	0	0	0	0	0	0	0	0	0	0	0	0	0	0	0
Armatimonadetes	0.04	0.03	0.02	0.01	0.02	0.02	0.02	0.03	0.02	0.03	0.01	0	0.03	0.01	0.03	0.03	0.04	0.02	0.02	0.03	0.05
Bacteria_unclassified	0.11	0.08	0.11	0.06	0.08	0.10	0.14	0.13	0.12	0.09	0.11	0.11	0.10	0.13	0.17	0.16	0.13	0.10	0.10	0.13	0.13
Bacteroidetes	2.26	2.20	3.19	3.64	3.49	3.78	3.66	2.86	3.22	4.63	2.89	2.53	3.83	3.86	3.69	4.34	5.28	5.27	2.83	3.32	3.02
Caldiserica	0	0	0	0	0	0	0	0	0	0	0	0	0	0	0	0	0.01	0.01	0	0	0
Candidate division OP3	0.01	0.07	0.02	0.01	0.02	0.01	0.03	0.02	0.03	0	0.01	0.02	0.01	0.01	0.01	0.01	0	0.01	0.03	0.01	0.03
Candidate division WS6	0	0.01	0.01	0.01	0	0	0	0	0	0	0	0	0	0	0	0	0	0	0	0	0
Chlamydiae	0.01	0.03	0.02	0.03	0.02	0.02	0.01	0.02	0.02	0	0	0.01	0.01	0.01	0.01	0.02	0	0.01	0	0.01	0.02
Chlorobi	0.04	0.07	0.06	0.03	0.03	0.03	0.10	0.07	0.09	0.10	0.05	0.06	0.09	0.10	0.11	0.08	0.11	0.13	0.04	0.05	0.10
Chloroflexi	6.00	7.07	7.32	6.26	5.51	7.09	5.93	6.57	6.13	3.84	7.12	7.69	6.87	5.68	5.97	9.95	5.77	6.29	9.29	6.51	7.17
Cyanobacteria	0.02	0.03	0.06	0.04	0.11	0.12	0.04	0.05	0.06	0.02	0.07	0.04	0.02	0.02	0.04	0.02	0.02	0.03	0.03	0.03	0.03
Elusimicrobia	0.17	0.18	0.14	0.10	0.10	0.12	0.16	0.13	0.16	0.09	0.20	0.11	0.10	0.09	0.10	0.18	0.05	0.10	0.19	0.09	0.09
Fibrobacteres	0	0	0	0	0	0.01	0.01	0.01	0.01	0	0.01	0	0.01	0	0.01	0	0.02	0.01	0	0	0.01
Firmicutes	0.21	0.21	0.24	0.24	0.23	0.21	0.49	0.36	0.35	0.51	0.23	0.33	0.28	0.23	0.27	0.27	0.33	0.29	0.21	0.21	0.23
GAL08	0	0	0	0	0	0	0	0	0	0	0	0	0	0	0	0	0	0	0	0	0
Gemmatimonadetes	1.11	1.46	1.90	1.04	1.28	1.31	1.11	1.40	1.48	1.47	1.34	1.63	1.59	1.93	1.75	1.91	3.09	3.01	1.50	2.34	2.35
Gracilibacteria	0	0	0	0	0	0	0	0.01	0	0.01	0	0	0	0	0.01	0.01	0	0.01	0	0	0
Hydrogenedentes	0	0	0	0	0	0	0	0	0	0	0	0	0	0.01	0	0	0	0	0.01	0	0
JL-ETNP-Z39	0	0.01	0	0	0.01	0	0.01	0.01	0	0	0	0	0.01	0.01	0	0.01	0	0	0	0	0

续表

门	1	2	3	4	5	6	7	8	9	10	11	12	13	14	15	16	17	18	19	20	21
Latescibacteria	0.99	0.98	0.88	0.64	0.49	0.55	0.63	0.69	0.61	0.34	0.97	0.97	0.93	0.79	0.58	1.17	0.34	0.42	1.26	0.88	0.77
Lentisphaerae	0	0	0	0	0	0	0	0	0	0	0	0	0	0	0	0	0	0	0	0	0
Nitrospirae	4.05	3.56	3.84	5.09	3.97	2.82	4.32	2.70	2.79	5.59	2.97	4.00	4.66	4.29	3.93	4.22	3.50	3.13	4.39	3.24	3.57
Omnitrophica	0.01	0	0	0	0.01	0	0	0	0	0	0	0	0	0	0	0	0	0	0.01	0	0
Parcubacteria	0.05	0.07	0.04	0.03	0.03	0.05	0.01	0.05	0.03	0.01	0.02	0.03	0.01	0.02	0.03	0.05	0.03	0.02	0.07	0.09	0.05
Planctomycetes	1.09	2.00	1.33	0.92	1.06	1.40	1.06	2.05	1.56	0.53	1.42	1.09	0.97	0.85	1.37	1.29	0.96	0.81	1.34	1.55	1.36
Proteobacteria	19.50	25.30	31.10	26.77	36.53	33.16	30.14	32.12	33.49	40.17	28.55	31.37	32.08	36.68	36.31	27.17	43.12	42.56	23.50	32.77	35.30
SHA-109	0.03	0.02	0.04	0.01	0.02	0.01	0.02	0.02	0.01	0.01	0.01	0.01	0.02	0.01	0.02	0.02	0.01	0.02	0.05	0.06	0.03
SM2F11	0.06	0.09	0.17	0.03	0.13	0.08	0.04	0.09	0.05	0.04	0.05	0.03	0.04	0.06	0.06	0.04	0.11	0.07	0.06	0.10	0.08
Saccharibacteria	0.06	0.04	0.07	0.08	0.04	0.06	0.07	0.04	0.07	0.18	0.07	0.05	0.09	0.05	0.04	0.13	0.11	0.11	0.12	0.06	0.07
Spirochaetae	0	0	0.01	0	0	0	0.01	0	0.01	0.01	0	0.01	0	0	0.01	0	0.01	0.01	0	0	0.01
TA06	0	0	0	0	0	0	0	0.01	0	0	0	0	0	0	0	0	0	0	0	0	0
TM6	0.02	0.01	0.01	0.01	0.01	0.01	0.01	0.01	0.01	0.01	0.01	0.01	0.01	0.01	0.01	0.01	0.01	0.01	0.01	0.01	0.02
Thermotogae	0	0	0	0	0	0	0	0	0.01	0	0	0	0	0	0	0	0	0	0	0	0
Verrucomicrobia	24.92	15.24	9.63	15.40	6.29	7.20	10.93	9.39	8.37	4.43	10.40	5.47	4.96	4.23	6.71	9.65	3.06	2.61	12.83	9.86	7.27
WCHB1-60	0.03	0.02	0.02	0.04	0.04	0.04	0.04	0.03	0.02	0.07	0.02	0.02	0.10	0.04	0.06	0.09	0.05	0.05	0.08	0.04	0.05
WD272	0.02	0.02	0.02	0.03	0.07	0.07	0.01	0	0	0.01	0.01	0.01	0	0	0	0.03	0.01	0.01	0	0	0.01

注:1~3代表 PK 细菌相对丰度的 3 次重复;4~6 代表 JM 细菌相对丰度的 3 次重复;7~9 代表 PK×JM/JM 细菌相对丰度的 3 次重复;10~12 代表 PK×JM/PK 细菌相对丰度的 3 次重复;13~15 代表 FM 细菌相对丰度的 3 次重复;16~18 代表 PK×FM/FM 细菌相对丰度的 3 次重复;19~21 代表 PK×FM/PK 土壤细菌相对丰度的 3 次重复。

附表 2　纯林和混交林土壤中细菌纲分类水平的相对丰度值

单位：%

纲	1	2	3	4	5	6	7	8	9	10	11	12	13	14	15	16	17	18	19	20	21
028H05-P-BN-P5	0	0	0	0	0	0	0	0	0.01	0	0	0	0	0	0	0	0	0	0.01	0	0
Acidobacteria	19.80	20.17	17.08	14.39	15.71	16.54	15.23	17.32	16.79	7.96	21.22	21.75	15.05	17.18	15.33	21.43	12.17	13.99	24.05	20.53	17.15
Actinobacteria	19.40	21.05	22.64	25.08	24.70	25.19	25.76	23.79	24.49	29.86	22.21	22.66	28.11	23.67	23.36	17.66	21.65	20.87	17.97	18.08	21.02
Aerophobetes_norank	0	0	0	0	0	0	0	0	0	0	0	0	0	0	0	0	0	0	0	0	0
Alphaproteobacteria	10.77	15.58	19.73	14.84	23.38	22.28	14.60	20.23	19.97	22.50	17.06	19.24	16.93	20.10	21.37	13.78	26.23	25.77	12.68	20.28	20.35
Anaerolineae	0.88	0.90	1.50	0.88	0.68	1.11	1.30	1.17	1.07	0.57	1.04	1.23	1.19	1.13	0.99	2.12	0.75	0.78	1.55	1.04	1.34
Ardenticatenia	0.01	0.01	0.01	0.01	0	0.01	0.01	0.05	0.04	0.01	0.02	0.02	0.03	0.04	0.02	0.03	0.04	0.04	0.02	0.01	0.02
Armatimonadetes_norank	0.02	0.02	0.02	0.01	0.02	0.01	0.02	0.03	0.02	0.03	0.01	0	0.02	0.01	0.02	0.02	0.03	0.02	0.02	0.02	0.04
BD7-11	0.01	0.01	0.01	0.01	0.01	0.01	0.01	0.02	0	0	0	0.01	0	0.01	0.02	0.02	0.01	0	0.03	0.02	0.01
Bacilli	0.20	0.20	0.23	0.21	0.18	0.18	0.44	0.31	0.31	0.48	0.19	0.30	0.26	0.22	0.26	0.26	0.30	0.27	0.18	0.20	0.21
Bacteria_unclassified	0.11	0.08	0.11	0.06	0.08	0.10	0.14	0.13	0.12	0.09	0.11	0.11	0.10	0.13	0.17	0.16	0.13	0.10	0.10	0.13	0.13
Bacteroidetes_unclassified	0	0	0	0	0	0.01	0.01	0	0.01	0.01	0.01	0	0	0	0	0.01	0.01	0	0.01	0.02	0.01
Betaproteobacteria	4.16	4.54	5.26	5.41	5.14	4.69	7.71	5.62	6.30	9.29	5.09	5.51	7.80	7.78	6.78	7.19	8.43	8.50	5.87	6.27	7.77
C47	0.01	0.03	0.02	0.03	0.01	0.02	0.01	0.01	0.02	0.01	0.02	0.01	0.02	0.01	0.02	0.01	0.02	0	0.02	0	0.01
Caldilineae	0.03	0.02	0.04	0.03	0.02	0.03	0.02	0.04	0.01	0.03	0.02	0.01	0.02	0.03	0.01	0.03	0.03	0.02	0.04	0.02	0.01
Caldisericia	0	0	0	0	0	0	0	0	0	0	0	0	0	0	0	0	0	0	0	0	0
Candidate division OP3_norank	0.01	0.07	0.02	0.01	0.02	0.01	0.03	0.02	0.03	0	0.01	0.02	0.01	0.01	0.01	0.01	0.01	0.01	0.03	0.01	0.03
Candidate division WS6_norank	0	0	0.01	0	0	0.01	0.03	0.02	0.03	0	0	0	0.02	0	0	0	0	0	0	0	0
Chlamydiae	0.01	0.03	0.02	0.03	0.02	0.02	0.01	0.06	0.06	0.09	0.04	0.06	0.06	0.08	0.01	0.06	0.10	0.11	0.03	0.05	0.02
Chlorobia	0.03	0.05	0.05	0.03	0.02	0.03	0.07	0.05	0.06	0.06	0.04	0.06	0.06	0.08	0.09	0.06	0.10	0.11	0.03	0.05	0.07
Chloroflexi_unclassified	0.03	0.04	0.06	0.02	0.03	0.02	0.02	0.05	0.02	0.02	0.04	0.01	0.03	0.08	0.03	0.07	0.05	0.02	0.04	0.07	0.03

续表

纲	1	2	3	4	5	6	7	8	9	10	11	12	13	14	15	16	17	18	19	20	21
Chloroflexi_norank	0.01	0.02	0.03	0.03	0.03	0.06	0.01	0.02	0.01	0.01	0.02	0.01	0.02	0.04	0.04	0.05	0.09	0.06	0.03	0.02	0.02
Chloroflexi_uncultured	0.05	0.05	0.06	0.04	0.02	0.04	0.09	0.05	0.07	0.05	0.05	0.06	0.04	0.07	0.04	0.07	0.03	0.05	0.06	0.02	0.04
Chloroflexia	0.15	0.20	0.22	0.21	0.14	0.23	0.26	0.25	0.28	0.17	0.14	0.24	0.21	0.34	0.34	0.33	0.38	0.43	0.25	0.29	0.35
Chthonomonadetes	0.02	0.01	0	0	0	0	0.01	0	0	0	0	0.01	0.01	0	0	0.01	0.01	0	0.01	0.01	0
Clostridia	0.01	0.01	0.01	0.02	0.05	0.03	0.05	0.06	0.04	0.03	0.04	0.03	0.02	0.02	0.01	0.01	0.03	0.02	0.03	0.01	0.01
Cyanobacteria	0.02	0.03	0.06	0.04	0.11	0.12	0.04	0.05	0.06	0.02	0.07	0.04	0.02	0.02	0.01	0.01	0.02	0.03	0.03	0.01	0.03
Cytophagia	0.27	0.20	0.37	0.32	0.30	0.32	0.75	0.48	0.54	0.85	0.41	0.39	0.39	0.59	0.53	0.51	0.43	0.72	0.39	0.40	0.42
Deltaproteobacteria	3.48	3.73	4.39	4.67	5.75	4.17	5.52	4.22	4.78	5.95	4.31	4.44	5.47	6.21	5.91	4.29	5.73	5.51	3.73	4.51	5.17
Elusimicrobia	0.17	0.18	0.14	0.10	0.10	0.12	0.16	0.13	0.16	0.09	0.11	0.10	0.10	0.09	0.10	0.18	0.05	0.10	0.19	0.09	0.09
Fibrobacteria	0	0	0	0	0.01	0.01	0	0.01	0.01	0	0.01	0	0	0.01	0.01	0	0.02	0.01	0	0	0.01
Flavobacteria	0.20	0.18	0.21	0.53	0.36	0.43	0.28	0.20	0.20	0.49	0.23	0.14	0.57	0.31	0.28	0.97	0.92	0.78	0.29	0.28	0.24
GAL08_norank	0	0	0	0	0	0	0	0	0	0	0	0	0	0	0	0	0	0	0	0	0
Gammaproteobacteria	1.06	1.42	1.70	1.81	2.17	1.94	2.29	2.02	2.42	2.42	2.06	2.12	1.88	2.59	2.23	1.88	2.70	2.71	1.20	1.69	1.98
Gemmatimonadetes	1.11	1.46	1.90	1.04	1.28	1.31	1.11	1.40	1.48	1.47	1.34	1.63	1.59	1.93	1.75	1.91	3.09	3.01	1.50	2.34	2.35
Gitt-GS-136	0.31	0.58	0.50	0.16	0.13	0.18	0.26	0.47	0.40	0.15	0.53	0.61	0.38	0.31	0.35	0.46	0.24	0.30	0.43	0.39	0.40
Gracilibacteria_norank	0	0	0	0	0	0	0	0.01	0	0.01	0	0	0	0	0	0.01	0	0.01	0	0	0
Hydrogenedentes_norank	0	0	0	0	0	0	0	0	0	0	0	0	0	0	0	0	0	0	0.01	0	0
Ignavibacteria	0.01	0.02	0.01	0	0	0	0.03	0.02	0.04	0.01	0.01	0.01	0.03	0.02	0.01	0.02	0.01	0.02	0.01	0.01	0.03
JG30-KF-CM66	0.17	0.18	0.26	0.15	0.25	0.18	0.21	0.24	0.21	0.20	0.20	0.31	0.19	0.27	0.28	0.34	0.40	0.39	0.31	0.27	0.35
JG37-AG-4	0.50	0.63	0.77	0.60	0.49	0.75	0.15	0.21	0.14	0.31	0.42	0.40	0.23	0.21	0.27	0.93	0.84	0.93	0.73	0.81	0.75
JL-ETNP-Z39_norank	0	0.01	0	0	0	0	0	0.01	0	0.01	0	0	0	0	0	0	0	0.01	0	0	0
KD4-96	2.63	3.12	2.52	2.05	1.86	2.43	2.49	2.73	2.54	1.44	3.36	3.40	3.30	2.08	2.12	3.51	1.40	1.67	4.46	2.10	2.35

续表

纲	1	2	3	4	5	6	7	8	9	10	11	12	13	14	15	16	17	18	19	20	21
Ktedonobacteria	0.25	0.32	0.16	0.94	0.77	0.91	0.24	0.26	0.29	0.10	0.32	0.23	0.11	0.05	0.09	0.63	0.16	0.21	0.14	0.13	0.11
Latescibacteria_norank	0.99	0.98	0.88	0.64	0.49	0.55	0.63	0.69	0.61	0.34	0.97	0.97	0.93	0.79	0.58	1.17	0.34	0.42	1.26	0.88	0.77
NPL–UPA2	0.01	0	0	0	0.01	0	0	0	0	0	0	0	0	0	0	0	0	0	0.01	0	0
Nitrospira	4.05	3.56	3.84	5.09	3.97	2.82	4.32	2.70	2.79	5.59	2.97	4.00	4.66	4.29	3.93	4.22	3.50	3.13	4.39	3.24	3.57
OM190	0.36	0.55	0.41	0.29	0.28	0.33	0.45	0.53	0.52	0.17	0.48	0.38	0.32	0.22	0.35	0.43	0.16	0.16	0.40	0.27	0.31
OPB35 soil group	0.58	0.79	0.63	0.47	0.57	0.51	0.60	0.75	0.71	0.19	0.83	0.33	0.44	0.37	0.58	0.56	0.23	0.22	0.69	0.63	0.60
Opitutae	0.05	0.05	0.08	0.04	0.07	0.04	0.09	0.12	0.09	0.03	0.04	0.02	0.05	0.04	0.09	0.09	0.15	0.14	0.05	0.09	0.10
P2–11E	0.04	0.04	0.03	0.04	0.02	0.03	0	0.01	0.01	0	0.05	0.01	0.03	0.04	0.02	0.01	0.02	0.04	0.05	0.06	0.04
Parcubacteria_norank	0.05	0.07	0.04	0.03	0.03	0.05	0.01	0.05	0.03	0.01	0.02	0.03	0.01	0.02	0.03	0.05	0.03	0.02	0.07	0.09	0.05
Phycisphaerae	0.17	0.67	0.35	0.13	0.32	0.47	0.19	0.84	0.48	0.15	0.34	0.21	0.25	0.34	0.55	0.21	0.52	0.39	0.18	0.56	0.50
Pla3 lineage	0.01	0	0	0.01	0.01	0.01	0.01	0.01	0.01	0	0.01	0.01	0.01	0	0	0.01	0	0.01	0.01	0.01	0.01
Pla4 lineage	0.11	0.11	0.10	0.03	0.03	0.05	0.10	0.09	0.08	0.02	0.09	0.08	0.04	0.06	0.07	0.07	0.04	0.03	0.07	0.14	0.08
Planctomycetacia	0.42	0.61	0.43	0.44	0.40	0.52	0.27	0.55	0.44	0.17	0.45	0.40	0.33	0.20	0.35	0.54	0.21	0.21	0.63	0.54	0.43
Planctomycetes_unclassified	0.01	0.01	0.01	0	0	0	0	0	0.01	0	0	0	0	0	0	0	0	0	0	0	0
S–BQ2–57 soil group	0.17	0.15	0.05	0.12	0.06	0.06	0.11	0.09	0.09	0.02	0.03	0.08	0.05	0.06	0.08	0.12	0.05	0.03	0.14	0.08	0.07
S085	0.22	0.26	0.30	0.21	0.16	0.18	0.27	0.26	0.25	0.16	0.26	0.30	0.26	0.26	0.33	0.39	0.33	0.33	0.33	0.39	0.38
SHA–109_norank	0.03	0.02	0.04	0.01	0.02	0.01	0.02	0.02	0.01	0	0.01	0.01	0.02	0.01	0.02	0.02	0.01	0.02	0.05	0.06	0.03
SM2F11_norank	0.06	0.09	0.17	0.03	0.13	0.08	0.04	0.09	0.05	0.04	0.05	0.03	0.04	0.06	0.06	0.04	0.11	0.07	0.06	0.10	0.08
SPOTSOCT00m83	0.01	0	0.01	0	0	0	0	0.01	0.01	0.01	0.01	0.03	0.04	0.01	0.01	0.01	0.02	0.02	0.01	0.01	0
Saccharibacteria_norank	0.06	0.04	0.07	0.08	0.04	0.06	0.07	0.06	0.07	0.18	0.07	0.05	0.09	0.05	0.04	0.13	0.11	0.11	0.12	0.06	0.07
Spartobacteria	24.06	14.18	8.85	14.73	5.56	6.56	10.06	8.39	7.42	4.17	9.45	5.00	4.39	3.74	5.94	8.85	2.60	2.20	11.91	9.01	6.48
Sphingobacteria	1.79	1.82	2.61	2.79	2.83	3.03	2.63	2.18	2.47	3.28	2.25	2.00	2.87	2.96	2.89	2.85	3.93	3.76	2.15	2.63	2.36

续表

纲	1	2	3	4	5	6	7	8	9	10	11	12	13	14	15	16	17	18	19	20	21
Spirochaetes	0	0	0.01	0	0	0.01	0.01	0	0.01	0.01	0	0.01	0.01	0	0.01	0.01	0	0.01	0	0	0.01
TA06_norank	0	0	0	0	0	0	0	0	0	0	0	0	0	0	0	0	0	0	0	0	0
TA18	0.02	0.02	0.02	0.03	0.08	0.08	0.02	0.02	0.03	0	0.03	0.04	0	0	0.01	0.03	0.02	0.04	0.02	0.02	0.02
TK10	0.66	0.64	0.76	0.92	0.87	0.86	0.55	0.65	0.66	0.56	0.60	0.73	0.75	0.70	0.87	0.89	0.89	0.96	0.76	0.78	0.85
TM6_norank	0.02	0.01	0.01	0.01	0.02	0.01	0.01	0.01	0.01	0.01	0.01	0.01	0.01	0.01	0.01	0.02	0.01	0.01	0.01	0.01	0.02
Thermomicrobia	0.06	0.06	0.11	0.04	0.05	0.06	0.07	0.12	0.10	0.06	0.07	0.14	0.06	0.09	0.13	0.09	0.12	0.09	0.10	0.11	0.13
Thermotogae	0	0	0.01	0.01	0.01	0.01	0	0	0.01	0.01	0.01	0	0	0	0	0	0	0.01	0	0	0
Verrucomicrobiae	0.06	0.07	0.02	0.04	0.03	0.03	0.07	0.04	0.06	0.02	0.03	0.04	0.04	0.02	0.03	0.04	0.02	0.02	0.05	0.04	0.03
WCHB1-41	0	0	0	0	0	0	0	0	0	0	0	0	0	0	0	0	0	0	0	0	0
WCHB1-60_norank	0.03	0.02	0.02	0.04	0.04	0.04	0.04	0.03	0.02	0.07	0.02	0.02	0.10	0.04	0.06	0.09	0.05	0.05	0.08	0.04	0.05
WD272_norank	0.02	0.01	0.02	0.03	0.07	0.07	0.01	0	0	0.01	0.01	0.01	0	0	0	0.03	0.01	0	0.01	0.04	0.01
vadinHA49	0	0	0.01	0.01	0	0.01	0.01	0.01	0	0	0	0	0.01	0	0	0	0	0	0	0	0

注:1~3 代表 PK 细菌相对丰度的 3 次重复;4~6 代表 JM 细菌相对丰度的 3 次重复;7~9 代表 PK×JM 细菌相对丰度的 3 次重复;10~12 代表 PK×JM/JM 细菌相对丰度的 3 次重复;13~15 代表 FM 细菌相对丰度的 3 次重复;16~18 代表 FM/PK 细菌相对丰度的 3 次重复;19~21 代表 PK×FM/PK 细菌相对丰度的 3 次重复。

附表 3　纯林和混交林土壤中细菌属分类水平的相对丰度值

单位：%

属	1	2	3	4	5	6	7	8	9	10	11	12	13	14	15	16	17	18	19	20	21
028H05-P-BN-P5_norank	0	0	0	0	0	0	0	0	0.01	0	0	0	0	0	0	0	0	0	0.01	0	0
0319-6M6_norank	0.09	0.09	0.09	0.06	0.06	0.05	0.14	0.14	0.13	0.13	0.12	0.09	0.17	0.12	0.10	0.06	0.10	0.08	0.11	0.10	0.12
08D2Z23_norank	0	0	0	0	0	0	0	0	0	0	0	0.01	0.01	0.01	0	0.01	0.01	0.01	0	0	0
11-24_norank	0.79	0.84	0.66	0.38	0.40	0.30	0.42	0.52	0.46	0.17	0.53	0.63	0.48	0.57	0.43	0.76	0.35	0.46	0.95	0.90	0.53
1959-1_norank	0.01	0.01	0.02	0.01	0.03	0.02	0.01	0.01	0.01	0	0.02	0.01	0.01	0	0.01	0.01	0	0	0.02	0.02	0.02
288-2_norank	0.15	0.13	0.16	0.09	0.07	0.08	0.30	0.24	0.26	0.29	0.21	0.24	0.40	0.34	0.33	0.12	0.21	0.18	0.14	0.22	0.19
43F-1404R_norank	0	0	0.01	0	0	0	0	0	0	0	0	0	0.01	0	0.01	0	0.01	0.01	0	0	0.02
480-2_norank	1.64	1.44	1.55	1.82	1.40	1.41	1.98	1.21	1.43	2.18	1.04	1.32	2.58	1.61	1.62	1.00	1.07	1.07	1.02	0.96	1.27
A0839_norank	0.06	0.11	0.15	0.06	0.19	0.17	0.13	0.18	0.17	0.13	0.13	0.14	0.11	0.19	0.19	0.15	0.28	0.27	0.08	0.12	0.11
ABS-19_norank	0.06	0.09	0.11	0.12	0.15	0.10	0.08	0.07	0.09	0.09	0.10	0.11	0.08	0.11	0.15	0.15	0.23	0.20	0.07	0.14	0.14
AKIW659_norank	0	0	0.01	0.01	0.01	0.01	0.02	0.01	0.02	0.01	0.02	0.01	0.01	0	0.01	0.01	0.01	0.01	0	0	0.01
AKIW781_norank	0	0	0	0.01	0	0.01	0	0	0	0	0	0	0	0.01	0	0	0	0.01	0	0	0
AKYG1722_norank	0.01	0.02	0.02	0.01	0	0.01	0.01	0.01	0.01	0.01	0	0.01	0.01	0.03	0.01	0	0.01	0.01	0.01	0.01	0.01
AKYG587	0.05	0.10	0.10	0.06	0.05	0.05	0.06	0.14	0.07	0.10	0.06	0.07	0.13	0.06	0.12	0.11	0.11	0.09	0.06	0.06	0.10
AKYH767_norank	0.11	0.10	0.10	0.10	0.14	0.16	0.14	0.13	0.15	0.14	0.10	0.09	0.19	0.18	0.20	0.12	0.24	0.19	0.10	0.14	0.13
AT-s3-28_norank	0.06	0.04	0.02	0.02	0.03	0.03	0.05	0.03	0.03	0.14	0.05	0.04	0	0.05	0.01	0.04	0.02	0.04	0.04	0.03	0.03
Acetobacteraceae_unclassified	0.04	0.09	0.12	0.14	0.22	0.23	0.07	0.10	0.13	0.12	0.08	0.11	0.07	0.07	0.07	0.09	0.17	0.19	0.09	0.16	0.16
Acetobacteraceae_uncultured	0.03	0.06	0.10	0.07	0.15	0.12	0.05	0.06	0	0.09	0.07	0.09	0.02	0.04	0.03	0.05	0.11	0.07	0.08	0.15	0.13
Achromobacter	0.01	0.01	0	0.01	0	0	0.01	0	0	0.01	0.01	0.01	0.01	0.03	0.02	0.02	0.02	0.03	0.01	0.01	0
Acidibacter	0.13	0.17	0.19	0.26	0.37	0.32	0.37	0.41	0.46	0.23	0.32	0.32	0.18	0.45	0.36	0.23	0.46	0.44	0.14	0.20	0.24
Acidiferrobacter	0	0	0	0	0	0	0.01	0.01	0	0	0	0.01	0	0.01	0	0.02	0.03	0.02	0	0	0

续表

属	1	2	3	4	5	6	7	8	9	10	11	12	13	14	15	16	17	18	19	20	21
Acidimicrobiaceae_unclassified	0.03	0.04	0.05	0.01	0.03	0.02	0.15	0.16	0.11	0.13	0.06	0.09	0.07	0.09	0.08	0.04	0.10	0.10	0.02	0.06	0.06
Acidimicrobiaceae_uncultured	0.31	0.54	0.53	0.39	0.53	0.61	0.39	0.80	0.71	0.55	0.50	0.61	0.56	0.68	0.82	0.21	0.71	0.67	0.31	0.59	0.66
Acidimicrobiales_unclassified	0.06	0.14	0.20	0.07	0.15	0.17	0.12	0.17	0.22	0.13	0.16	0.15	0.14	0.17	0.17	0.08	0.17	0.22	0.07	0.16	0.13
Acidimicrobiales_norank	0.03	0.06	0.09	0.05	0.13	0.10	0.06	0.10	0.07	0.06	0.08	0.07	0.07	0.12	0.07	0.02	0.13	0.13	0.03	0.07	0.07
Acidimicrobiales_uncultured	1.71	2.08	2.52	2.01	2.09	2.42	2.09	2.60	2.39	3.15	1.81	2.12	2.85	2.48	2.48	2.22	3.29	3.12	2.09	2.31	2.47
Acidobacteria_norank	0.41	0.67	0.51	0.31	0.41	0.25	0.46	0.42	0.53	0.21	0.82	0.53	0.28	0.50	0.58	0.45	0.22	0.27	0.54	0.51	0.44
Acidobacteriaceae (Subgroup 1)_uncultured	0.67	1.15	1.05	1.18	1.78	2.26	0.55	0.97	1.04	0.32	1.90	1.35	0.44	0.74	0.78	1.66	0.99	1.26	1.40	1.28	1.31
Acidobacterium	0	0.01	0	0	0.01	0.01	0	0	0	0	0.02	0.02	0	0	0.01	0.01	0	0.02	0	0.01	0.01
Acidocella	0.05	0.05	0.04	0.01	0	0	0.01	0.01	0	0.04	0.02	0	0	0	0	0.01	0.03	0.02	0.06	0.10	0.08
Acidothermus	1.27	1.86	1.93	3.68	4.85	4.15	1.26	1.51	1.35	2.27	1.55	1.68	0.85	1.17	1.38	0.87	1.63	1.59	0.61	0.94	1.12
Acinetobacter	0	0	0	0	0	0	0	0	0	0.01	0	0	0.01	0	0	0.01	0	0	0	0	0
Actinoallomurus	0	0	0	0	0	0	0	0	0	0.01	0.01	0.01	0	0.02	0	0.04	0.02	0.02	0.02	0.01	0.03
Actinobacteria_unclassified	0.28	0.37	0.34	0.20	0.22	0.19	0.32	0.32	0.33	0.45	0.35	0.37	0.66	0.66	0.75	0.13	0.34	0.30	0.21	0.33	0.38
Actinobacteria_norank	3.48	4.18	3.40	2.41	2.03	3.09	3.58	4.16	4.36	1.55	5.86	4.04	3.75	2.88	2.91	3.02	1.29	1.50	3.64	2.29	2.52
Actinocorallia	0.02	0.01	0.02	0.05	0.03	0.03	0.06	0.03	0.03	0.05	0.03	0.02	0.04	0.03	0.03	0.01	0.03	0.04	0.04	0.01	0.02
Actinomadura	0.01	0.01	0.01	0	0	0.02	0	0.01	0.01	0.01	0.01	0.01	0.01	0.01	0.01	0.01	0.02	0.01	0.02	0	0.01
Actinoplanes	0	0.01	0	0.06	0.04	0.04	0.04	0.04	0.01	0.04	0.01	0.02	0.01	0.02	0.02	0.02	0.02	0.02	0.02	0.01	0.01
Actinospica	0	0	0	0	0	0	0	0	0.01	0.01	0	0	0	0	0	0	0	0	0	0	0
Adhaeribacter	0.03	0.02	0.06	0.04	0.07	0.05	0.03	0.03	0.01	0.09	0.02	0.05	0.06	0.07	0.02	0.04	0.06	0.09	0.02	0.04	0.03
Aeromicrobium	0.03	0.03	0.02	0.01	0.04	0.04	0.07	0.07	0.09	0.01	0.02	0.01	0.06	0.04	0.05	0.05	0.05	0.05	0.05	0.02	0.06
Aeromonas	0	0.01	0.01	0	0	0.01	0.01	0.01	0	0	0	0	0	0	0	0.08	0.15	0.17	0	0	0

续表

属	1	2	3	4	5	6	7	8	9	10	11	12	13	14	15	16	17	18	19	20	21
Aerophobetes_norank	0	0	0	0	0	0	0	0	0	0	0	0	0	0	0	0	0	0	0	0	0
Agaricicola	0	0	0	0	0	0	0	0	0	0	0	0.01	0	0	0	0	0	0	0.01	0	0.01
Agromyces	0.01	0	0	0	0.01	0.01	0.02	0.02	0.03	0.02	0.02	0	0.04	0.03	0.02	0.02	0.02	0.03	0.01	0	0.01
Albidiferax	0.01	0.02	0.01	0.02	0	0.02	0.01	0.03	0.05	0.04	0.01	0.01	0.01	0.03	0.02	0.01	0.01	0.02	0.01	0.01	0.01
Alcaligenaceae_uncultured	0.06	0.09	0.08	0.12	0.08	0.13	0.26	0.17	0.18	0.31	0.16	0.21	0.24	0.21	0.18	0.18	0.18	0.19	0.12	0.09	0.15
Aliihoeflea	0	0.01	0.01	0	0.02	0.02	0	0.01	0	0.01	0.01	0.01	0	0.01	0.01	0	0.01	0.01	0.01	0.01	0
Alphaproteobacteria_unclassified	0.01	0.02	0.02	0.01	0.03	0.03	0.01	0.03	0.02	0.02	0.02	0.03	0.04	0.03	0.03	0.02	0.06	0.05	0.01	0.01	0.03
Altererythrobacter	0.01	0	0.01	0.01	0.01	0.01	0.04	0.04	0.03	0.02	0.01	0.02	0.04	0.03	0.05	0.01	0.06	0.06	0.01	0.02	0.02
Amaricoccus	0.01	0.02	0.01	0.02	0.04	0.02	0.04	0.09	0.07	0.06	0.02	0.05	0.04	0.04	0.05	0.03	0.04	0.06	0.02	0.02	0.04
Amb－16S－1034_norank	0.01	0.01	0.01	0.01	0	0.01	0.01	0.01	0.01	0.01	0.01	0.01	0.02	0.01	0.01	0	0	0.01	0.01	0	0
Amycolatopsis	0	0	0	0	0	0	0	0	0.01	0	0.01	0.01	0	0	0.01	0	0	0	0	0	0
Anaerolineaceae_uncultured	0.88	0.90	1.50	0.88	0.68	1.11	1.30	1.17	1.07	0.57	1.04	1.23	1.19	1.13	0.99	2.12	0.75	0.78	1.55	1.04	1.34
Anaeromyxobacter	0.02	0.04	0.04	0.09	0.10	0.06	0.02	0.01	0.04	0.03	0.03	0.04	0.01	0.04	0.04	0.07	0.11	0.10	0.06	0.07	0.11
Aquicella	0.01	0.01	0.01	0.01	0.01	0	0.01	0	0	0.02	0	0.02	0	0	0	0	0	0.01	0.01	0.01	0.02
Aquincola	0	0.01	0.01	0.01	0.01	0.01	0.01	0	0.02	0.01	0.01	0.01	0.02	0.02	0.02	0.03	0.02	0.02	0.01	0.01	0.02
Ardenticatenia_uncultured	0.01	0.01	0.01	0.01	0	0	0.01	0.05	0.04	0.01	0.02	0.02	0.03	0.04	0.02	0.03	0.04	0.04	0.02	0.01	0.02
Arenimonas	0.06	0.05	0.11	0.06	0.04	0	0.01	0.04	0.04	0.08	0.07	0.07	0.07	0.12	0.07	0.09	0.12	0.11	0.08	0.09	0.13
Armatimonadetes_norank	0.02	0.02	0.02	0.01	0.02	0.01	0.02	0.04	0.02	0.07	0.10	0.09	0.14	0.13	0.14	0.08	0.05	0.06	0.08	0.08	0.04
Arthrobacter	0.06	0.08	0.13	0.07	0.05	0.11	0.18	0.10	0.14	0.07	0.10	0.09	0.14	0.13	0.14	0.08	0.05	0.06	0.06	0.08	0.12
Asticcacaulis	0	0	0.01	0	0.01	0.01	0	0	0.01	0	0	0	0	0.01	0.01	0	0.01	0.01	0.01	0.01	0
Azospirillum	0	0	0.01	0.01	0	0	0	0.01	0	0	0	0	0	0	0	0	0	0	0	0.01	0

续表

属	1	2	3	4	5	6	7	8	9	10	11	12	13	14	15	16	17	18	19	20	21
B1-7BS_norank	0.10	0.08	0.10	0.06	0.05	0.05	0.15	0.16	0.13	0.26	0.15	0.17	0.20	0.22	0.17	0.08	0.06	0.08	0.06	0.09	0.10
B79_norank	0	0	0	0	0	0	0.02	0	0	0	0	0	0.01	0	0	0.01	0.01	0	0	0	0
BCf3-20_norank	0.01	0.01	0.01	0.01	0.01	0.01	0.01	0.02	0.02	0.02	0.02	0	0	0	0.02	0.01	0.02	0.01	0.01	0.01	0.01
BD1-7 clade	0	0.01	0.02	0	0.01	0.01	0.01	0.02	0.02	0.03	0.02	0.03	0.03	0.04	0.03	0.01	0.02	0.02	0.01	0.01	0.02
BD2-11 terrestrial group_norank	0.01	0.01	0.01	0.01	0	0.01	0.01	0.02	0.02	0.01	0.01	0.01	0.01	0.01	0.01	0.02	0.02	0.02	0	0.01	0.02
BD7-11_norank	0.01	0.01	0.01	0.01	0.01	0.01	0.01	0.02	0	0.01	0.01	0.01	0.01	0.01	0.02	0.02	0.01	0	0.03	0.02	0.01
BIrii41_norank	0.14	0.10	0.10	0.12	0.09	0.06	0.40	0.17	0.19	0.29	0.12	0.12	0.35	0.19	0.16	0.27	0.24	0.21	0.20	0.16	0.20
BSV26_norank	0.01	0.02	0.01	0	0	0.03	0.03	0.02	0.04	0.01	0.01	0.01	0.03	0.02	0.01	0.02	0.01	0.02	0.01	0.03	0.03
BVAI8_norank	0.08	0.06	0.09	0.06	0.05	0.07	0.08	0.08	0.10	0.12	0.07	0.04	0.26	0.14	0.13	0.14	0.13	0.16	0.13	0.11	0.11
Bacillus	0.14	0.13	0.18	0.15	0.14	0.12	0.34	0.21	0.23	0.34	0.12	0.21	0.21	0.17	0.19	0.15	0.14	0.13	0.13	0.12	0.16
Bacteria_unclassified	0.11	0.08	0.11	0.06	0.08	0.10	0.13	0.13	0.12	0.09	0.11	0.11	0.10	0.13	0.17	0.16	0.13	0.10	0.10	0.13	0.13
Bacteriovoracaceae_unclassified	0	0	0	0	0	0	0	0.01	0.01	0	0	0	0	0	0	0	0.01	0.02	0	0	0
Bacteroidetes_unclassified	0	0	0.01	0.01	0	0	0.01	0.01	0.01	0.01	0.01	0	0.01	0	0	0.01	0.01	0	0	0.02	0.01
Bauldia	0.11	0.21	0.12	0.13	0.15	0.16	0.15	0.17	0.19	0.22	0.14	0.17	0.23	0.25	0.23	0.21	0.40	0.29	0.13	0.17	0.24
Bdellovibrio	0.01	0.02	0.03	0.02	0.01	0.02	0.03	0.03	0.02	0.02	0.01	0.02	0.02	0.01	0.01	0.02	0.03	0.03	0.01	0.03	0.02
Beijerinckiaceae_unclassified	0	0	0	0	0	0	0	0	0	0	0	0	0	0	0	0	0	0.01	0.01	0.02	0
Beijerinckiaceae_uncultured	0.06	0.07	0.12	0.10	0.11	0.09	0.09	0.12	0.13	0.15	0.08	0.11	0.08	0.08	0.09	0.07	0.15	0.12	0.06	0.07	0.09
Betaproteobacteria_unclassified	0.09	0.08	0.08	0.09	0.06	0.07	0.23	0.20	0.24	0.23	0.13	0.17	0.27	0.25	0.24	0.13	0.19	0.17	0.09	0.10	0.17
Blastocatella	0.67	0.40	0.40	0.43	0.38	0.42	0.47	0.56	0.49	0.27	0.63	0.57	0.50	0.37	0.36	0.60	0.17	0.23	0.73	0.60	0.38
Blastochloris	0	0	0.01	0.01	0.02	0.01	0	0	0.01	0	0.01	0	0	0	0	0.01	0.01	0	0	0	0.01

续表

属	1	2	3	4	5	6	7	8	9	10	11	12	13	14	15	16	17	18	19	20	21
Blastococcus	0.03	0.02	0.01	0.02	0.02	0.01	0.03	0.06	0.05	0.05	0.02	0.02	0.12	0.10	0.06	0.06	0.09	0.10	0.03	0.04	0.06
Blfdi19_norank	0.01	0.01	0.01	0.01	0.01	0.02	0.02	0	0.01	0.02	0.01	0.01	0.02	0.02	0.01	0.01	0.02	0.01	0.01	0.01	0.01
Bosea	0	0	0	0.01	0	0.01	0	0.01	0.02	0.01	0.01	0.01	0.01	0.01	0	0	0.01	0.01	0	0.01	0
Bradyrhizobium	1.64	1.84	2.63	2.37	2.81	3.21	2.13	2.41	2.37	3.82	2.20	2.50	2.85	2.57	2.78	2.50	3.85	3.67	2.32	2.94	2.90
Breundimonas	0	0	0	0	0.02	0.02	0	0.01	0.01	0	0	0	0	0	0	0	0	0	0	0	0
Bryobacter	0.38	0.44	0.55	0.47	0.80	0.78	0.38	0.42	0.44	0.63	0.36	0.41	0.49	0.50	0.60	0.70	1.17	0.93	0.47	0.59	0.76
Burkholderia	0.03	0.01	0.02	0.08	0.11	0.09	0.03	0.01	0.03	0.06	0.06	0.09	0.05	0.06	0.07	0.08	0.07	0.12	0.06	0.07	0.09
Burkholderiaceae_unclassified	0	0.01	0	0	0	0	0	0	0	0.03	0.02	0.03	0	0	0	0	0.01	0.01	0.02	0.02	0.01
Byssovorax	0.08	0.03	0.04	0.10	0.07	0.04	0.12	0.04	0.07	0.13	0.02	0.06	0.15	0.05	0.06	0.09	0.06	0.10	0.04	0.05	0.07
C0119_norank	0	0.01	0	0	0	0	0	0	0.01	0	0.01	0	0.01	0	0	0	0	0	0.01	0	0
C47_norank	0.01	0.03	0.02	0	0.01	0.01	0.01	0.01	0.02	0	0.01	0.01	0.02	0.01	0.02	0.01	0.02	0.02	0	0	0.01
CA002_norank	0	0	0	0	0	0	0	0	0.01	0	0	0	0	0.01	0	0	0	0	0	0.01	0
CL500-29 marine group	0.21	0.28	0.34	0.13	0.22	0.39	0.18	0.26	0.29	0.17	0.21	0.28	0.21	0.29	0.32	0.31	0.36	0.34	0.24	0.33	0.72
CL500-3	0.01	0.02	0	0	0.01	0.01	0.01	0.02	0.01	0.01	0	0.02	0.02	0.01	0.01	0.02	0.01	0.02	0.01	0.01	0.02
Caenimonas	0.02	0.07	0.05	0.06	0.08	0.04	0.10	0.09	0.07	0.25	0.13	0.13	0.12	0.15	0.10	0.07	0.13	0.09	0.21	0.27	0.32
Caldilineaceae_uncultured	0.01	0.01	0.02	0.01	0.01	0.03	0.02	0.03	0.02	0.02	0	0	0.02	0.02	0.03	0.02	0.02	0.01	0.02	0.02	0.01
Candidate division OP3_norank	0.01	0.07	0.02	0.01	0.02	0.01	0.03	0.02	0.03	0	0.01	0.02	0.01	0.01	0.01	0.01	0.02	0.01	0.03	0.01	0.03
Candidate division WS6_norank	0	0.01	0.01	0.01	0	0	0	0	0	0	0.01	0	0.01	0	0	0	0	0.01	0.03	0.01	0
Candidatus Alysiosphaera	0.06	0.14	0.17	0.07	0.23	0.17	0.09	0.25	0.27	0.11	0.16	0.20	0.11	0.34	0.40	0.05	0.19	0.24	0.05	0.18	0.22
Candidatus Entotheonella	0.27	0.30	0.33	0.31	0.40	0.20	0.36	0.26	0.32	0.38	0.25	0.27	0.34	0.63	0.51	0.27	0.36	0.29	0.32	0.33	0.34
Candidatus Glomeribacter	0	0	0	0	0	0.01	0	0	0	0	0	0	0	0	0	0	0	0	0	0	0
Candidatus Koribacter	0.03	0.06	0.07	0.08	0.21	0.23	0.01	0.04	0.05	0.01	0.09	0.06	0.06	0.05	0.03	0.04	0.03	0.06	0.06	0.04	0.06

续表

属	1	2	3	4	5	6	7	8	9	10	11	12	13	14	15	16	17	18	19	20	21
Candidatus Microthrix	0.01	0.02	0.01	0.01	0.03	0.04	0.03	0.05	0.06	0.02	0.01	0.04	0.02	0.05	0.07	0.02	0.05	0.03	0.02	0.02	0.04
Candidatus Rhabdochlamydia	0.01	0.02	0.01	0.02	0.01	0.01	0	0.01	0.01	0	0	0	0	0.01	0.01	0.01	0.01	0	0	0	0.01
Candidatus Solibacter	0.79	1.36	1.58	1.22	1.93	2.04	0.72	1.17	1.05	1.00	1.03	1.06	0.74	1.35	1.43	1.07	2.20	2.28	0.94	1.38	1.67
Candidatus Xiphinematobacter	2.06	1.97	1.12	1.47	0.64	1.02	1.63	1.98	1.56	0.71	1.71	1.00	0.85	0.93	1.44	1.07	0.44	0.37	1.58	1.33	1.01
Catenulispora	0	0	0	0.01	0	0.01	0	0	0	0	0	0	0	0	0	0.01	0	0.01	0	0	0
Caulobacter	0.01	0.01	0.01	0.01	0.05	0.02	0.02	0.02	0.03	0.01	0.03	0.01	0.02	0.03	0.03	0.02	0.04	0.03	0.02	0.02	0.02
Caulobacteraceae_unclassified	0	0.01	0.03	0	0.02	0	0.01	0.02	0.01	0.01	0.02	0.01	0.01	0.01	0.02	0.02	0.04	0.02	0	0.01	0.01
Caulobacteraceae_uncultured	0.02	0.01	0.01	0.03	0.02	0.02	0.01	0.02	0.02	0.05	0.03	0.02	0.01	0.02	0.03	0.03	0.05	0.01	0.01	0.01	0.04
Cellulomonadaceae_unclassified	0	0.01	0.01	0.01	0.02	0.02	0.02	0.02	0.02	0.01	0	0.01	0.03	0.02	0.02	0.01	0.01	0.01	0.01	0.01	0.02
Cellulomonas	0	0.01	0.01	0.03	0.02	0.04	0.06	0.02	0.03	0.02	0.02	0.03	0.03	0.02	0.02	0.04	0.02	0.02	0.01	0.01	0.02
Chitinophaga	0.03	0.02	0.03	0.03	0.06	0.04	0.03	0.03	0.04	0.05	0.04	0.03	0.06	0.06	0.07	0.04	0.06	0.03	0.04	0.04	0.02
Chitinophagaceae_unclassified	0.17	0.16	0.25	0.28	0.26	0.30	0.16	0.17	0.17	0.31	0.18	0.13	0.23	0.20	0.25	0.22	0.40	0.35	0.16	0.23	0.23
Chitinophagaceae_uncultured	0.90	0.89	1.28	1.55	1.53	1.62	1.06	0.82	1.06	1.47	1.06	1.02	1.06	1.22	1.11	1.35	1.96	1.89	1.06	1.38	1.20
Chloroflexi_unclassified	0.03	0.04	0.06	0.01	0.03	0.06	0.02	0.05	0.02	0.01	0.04	0.01	0.03	0.04	0.03	0.07	0.05	0.02	0.04	0.07	0.03
Chloroflexi_norank	0.01	0.02	0.03	0.03	0.03	0.06	0.01	0.02	0.01	0.01	0.02	0.02	0.02	0.04	0.04	0.05	0.09	0.06	0.03	0.02	0.02
Chloroflexi_uncultured	0.05	0.05	0.06	0.04	0.02	0.04	0.09	0.05	0.07	0.04	0.05	0.06	0.04	0.07	0.04	0.07	0.03	0.05	0.06	0.02	0.04
Chryseolinea	0.03	0.03	0.06	0.03	0.06	0.06	0.21	0.13	0.15	0.26	0.12	0.12	0.13	0.16	0.19	0.12	0.10	0.18	0.07	0.06	0.06
Chthoniobacter	0.35	0.22	0.14	0.16	0.09	0.11	0.15	0.11	0.14	0.08	0.16	0.08	0.13	0.12	0.19	0.25	0.06	0.07	0.23	0.29	0.14
Chthoniobacterales_unclassified	0.05	0.07	0.03	0.05	0.04	0.02	0.01	0.03	0.02	0.05	0.05	0.02	0.01	0.01	0.02	0.06	0.03	0.04	0.02	0.04	0.02
Chthonomonadales_norank	0.02	0.01	0	0	0	0	0.01	0	0	0	0	0	0	0	0	0	0.01	0	0	0.01	0
Clostridium sensu stricto 13	0.01	0.01	0.01	0.01	0.04	0.03	0.04	0.06	0.04	0.03	0.04	0.03	0.01	0.03	0.01	0.01	0.03	0.02	0.03	0.01	0.01
Comamonadaceae_unclassified	0.14	0.17	0.21	0.26	0.23	0.21	0.39	0.31	0.35	0.38	0.25	0.26	0.42	0.33	0.41	0.27	0.35	0.36	0.13	0.20	0.29

续表

属	1	2	3	4	5	6	7	8	9	10	11	12	13	14	15	16	17	18	19	20	21
Comamonadaceae_uncultured	0.02	0.01	0.01	0.01	0.02	0.01	0.07	0.02	0.03	0.03	0.01	0.02	0.02	0.02	0.02	0.04	0.03	0.03	0.01	0.02	0.02
Corallococcus	0	0	0	0	0	0	0.01	0	0	0	0	0.01	0	0	0	0	0	0	0.01	0	0
Corynebacteriales_unclassified	0.01	0.04	0.03	0.03	0.03	0.03	0.09	0.08	0.06	0.10	0.05	0.05	0.02	0.02	0.02	0.01	0.01	0.01	0.04	0.02	0.03
Corynebacteriales_uncultured	0.07	0.06	0.06	0.07	0.06	0.06	0.06	0.05	0.06	0.11	0.04	0.07	0.07	0.02	0.06	0.07	0.08	0.13	0.08	0.07	0.06
Crossiella	0.01	0	0.02	0.03	0.04	0.03	0.04	0.02	0.03	0.04	0.02	0.02	0.04	0.03	0.02	0.02	0.02	0.03	0.07	0.02	0.06
Cryptosporangium	0.01	0	0	0.01	0	0	0	0	0.01	0.01	0.01	0	0.01	0	0	0.01	0.01	0.01	0	0.01	0.01
Cyanobacteria_unclassified	0	0.01	0.02	0.01	0.01	0.01	0.01	0.01	0.01	0.01	0.01	0	0.01	0	0.01	0.01	0.01	0.01	0.01	0.01	0.01
Cyanobacteria_norank	0.01	0.02	0.03	0.02	0.08	0.11	0.03	0.03	0.04	0.01	0.05	0.02	0.01	0.01	0.01	0.01	0.01	0.01	0.01	0.02	0.02
Cystobacter	0.01	0.01	0.01	0.02	0.02	0.02	0.02	0.03	0.02	0.02	0.03	0.02	0.02	0.04	0.04	0.02	0.03	0.02	0.02	0.04	0.04
Cytophagaceae_uncultured	0.19	0.15	0.24	0.21	0.14	0.20	0.45	0.27	0.34	0.48	0.24	0.20	0.23	0.32	0.29	0.33	0.25	0.43	0.29	0.29	0.31
DA101 soil group_norank	21.60	11.92	7.56	13.04	4.80	5.41	8.27	6.27	5.69	3.37	7.54	3.90	3.40	2.68	4.29	7.47	2.07	1.73	10.08	7.35	5.31
DA111_norank	0.65	1.47	1.77	1.32	3.02	2.71	0.84	1.51	1.50	1.38	1.63	1.89	0.40	1.03	1.26	0.70	2.06	1.94	0.70	1.79	1.68
DB1－14_norank	0	0	0.01	0	0	0.01	0.01	0.01	0.01	0.01	0	0	0	0	0	0	0	0	0.01	0.01	0.01
DS－100_norank	0.04	0.04	0.04	0.02	0.01	0.02	0.04	0.03	0.02	0.02	0.03	0.03	0.03	0.02	0.03	0.03	0.01	0	0.05	0.03	0.02
DUNssu044_norank	0.04	0.07	0.08	0.03	0.05	0.08	0.07	0.10	0.11	0.10	0.07	0.07	0.08	0.12	0.09	0.06	0.09	0.13	0.03	0.10	0.08
Dactylosporangium	0.04	0.02	0.02	0.06	0.11	0.09	0.05	0.02	0.04	0.06	0.03	0.02	0.02	0.04	0.05	0.02	0.04	0.05	0.04	0.04	0.06
Defluviicoccus	0.04	0.07	0.08	0.06	0.15	0.14	0.05	0.10	0.10	0.03	0.06	0.07	0.08	0.18	0.18	0.10	0.10	0.13	0.03	0.06	0.10
Deltaproteobacteria_unclassified	0	0.01	0	0	0	0	0	0	0	0	0	0	0	0	0	0	0.01	0	0	0	0
Desulfosporosinus	0	0	0	0	0	0	0	0	0	0	0	0	0	0	0	0	0	0	0	0	0
Desulfurellaceae_uncultured	0.10	0.13	0.15	0.15	0.23	0.17	0.25	0.20	0.19	0.21	0.19	0.15	0.25	0.29	0.29	0.13	0.21	0.23	0.16	0.21	0.23
Desulfuromonadales_unclassified	0.01	0	0	0	0.01	0.01	0.02	0	0.01	0	0	0	0	0	0	0.01	0.01	0.02	0	0.01	0.01
Devosia	0.02	0.06	0.06	0.06	0.05	0.06	0.09	0.08	0.08	0.12	0.06	0.10	0.10	0.07	0.07	0.10	0.13	0.12	0.06	0.07	0.06

续表

属	1	2	3	4	5	6	7	8	9	10	11	12	13	14	15	16	17	18	19	20	21
Dokdonella	0.03	0.02	0.04	0.04	0.02	0.04	0.04	0.02	0.03	0.04	0.02	0.04	0.05	0.01	0.04	0.06	0.06	0.06	0.05	0.03	0.05
Domibacillus	0	0.01	0	0	0	0	0.01	0.01	0.01	0.01	0	0	0	0.01	0	0	0	0	0	0.01	0
Dongia	0.05	0.08	0.10	0.05	0.07	0.08	0.03	0.10	0.09	0.05	0.06	0.05	0.04	0.05	0.10	0.08	0.12	0.11	0.03	0.07	0.10
Edaphobacter	0.02	0.03	0.03	0.04	0.04	0.04	0.01	0.02	0.02	0.01	0.07	0.05	0.03	0.04	0.04	0.04	0.02	0.03	0.06	0.08	0.06
Eel−36e1D6_norank	0	0	0	0	0	0	0	0	0	0	0	0	0	0	0	0	0	0	0	0	0
Elev−16S−1158_norank	0.02	0.03	0.02	0.03	0.04	0.03	0.08	0.04	0.01	0.05	0.05	0.03	0.01	0.05	0.03	0.04	0.05	0.06	0.03	0.03	0.03
Elev−16S−1166_norank	0.01	0.02	0.04	0.01	0.02	0.04	0.03	0.03	0.02	0.04	0.01	0.05	0.05	0.06	0.03	0.02	0.02	0.06	0.02	0.03	0.02
Elev−16S−1332_norank	0.16	0.30	0.23	0.17	0.28	0.24	0.21	0.29	0.34	0.20	0.18	0.26	0.18	0.30	0.27	0.09	0.20	0.22	0.07	0.14	0.25
Elstera	0	0	0	0	0.02	0.01	0	0	0	0	0	0.01	0	0	0	0.01	0	0	0	0.01	0.01
Enterobacteriaceae_unclassified	0	0	0	0	0	0	0	0	0	0	0	0	0	0	0	0.02	0.05	0.05	0	0	0
Escherichia−Shigella	0.01	0	0	0	0	0.01	0.01	0.01	0.02	0	0	0	0.01	0	0.01	0.01	0.01	0.01	0.01	0	0
Euzebya	0	0	0	0	0	0	0.01	0	0	0	0	0	0	0	0	0	0	0	0	0	0
FCPU453_norank	0	0	0	0	0	0	0.01	0.01	0.02	0.02	0.01	0.01	0.03	0.02	0.01	0	0.01	0.01	0.01	0.01	0.01
FCPU744_norank	0.02	0.02	0.02	0	0.01	0.01	0.02	0.01	0.02	0.02	0.01	0.01	0	0	0	0	0	0.01	0.01	0.01	0.01
FFCH12655_norank	0.06	0.07	0.07	0.06	0.09	0.12	0.02	0.04	0.05	0.04	0.07	0.06	0.03	0.06	0.05	0.02	0.04	0.03	0.04	0.04	0.04
FFCH13075_norank	0	0	0	0	0	0	0	0.01	0	0	0	0.01	0.01	0	0	0	0	0	0	0	0
FFCH8858_norank	0.02	0.06	0.07	0.06	0.08	0.14	0.05	0.11	0.09	0.06	0.06	0.05	0.08	0.10	0.12	0.06	0.07	0.09	0.02	0.06	0.04
Ferruginibacter	0.13	0.13	0.22	0.20	0.21	0.23	0.26	0.20	0.16	0.28	0.15	0.15	0.20	0.26	0.25	0.22	0.29	0.32	0.11	0.16	0.13
Fibrobacteraceae_uncultured	0	0	0	0	0	0	0	0	0.01	0	0	0	0	0	0	0	0.02	0.01	0	0	0.01
Fictibacillus	0	0	0	0	0	0	0	0.01	0	0	0	0	0	0	0.01	0	0	0.01	0.01	0	0
Filimonas	0	0	0	0	0	0	0	0	0	0	0	0	0	0	0	0	0	0.01	0	0	0
Flavihumibacter	0.01	0	0	0	0.01	0	0.01	0	0	0.01	0.01	0.01	0	0	0.01	0	0.01	0.01	0	0.01	0

续表

属	1	2	3	4	5	6	7	8	9	10	11	12	13	14	15	16	17	18	19	20	21
Flavobacteriaceae_unclassified	0	0	0	0	0	0	0	0.01	0	0	0	0	0	0	0	0.01	0	0.01	0	0	0
Flavobacterium	0.16	0.16	0.17	0.51	0.33	0.40	0.23	0.13	0.16	0.40	0.17	0.10	0.45	0.23	0.22	0.91	0.85	0.72	0.25	0.24	0.21
Fluviicola	0	0	0	0	0	0.01	0	0	0	0	0	0	0	0	0.01	0	0	0	0	0	0
Fodinicola	0	0	0	0	0	0	0	0	0	0	0	0	0.01	0	0	0	0	0	0	0	0
Frankia	0.11	0.14	0.20	0.08	0.07	0.07	0.06	0.12	0.13	0.13	0.10	0.12	0.20	0.18	0.19	0.06	0.12	0.10	0.08	0.11	0.13
Frankiales_unclassified	0	0.01	0.01	0.01	0.02	0.01	0.01	0.01	0	0.02	0.01	0.01	0.01	0.01	0.01	0.01	0.01	0.01	0.01	0.02	0.01
Frankiales_uncultured	0.02	0.01	0.02	0.01	0.01	0.01	0.01	0.01	0.01	0.01	0.01	0.01	0.01	0.01	0.01	0.02	0.02	0.03	0.01	0.03	0.02
G12-WMSP1_norank	0	0.01	0.01	0.02	0.03	0.04	0.01	0.01	0.02	0	0.01	0.02	0	0	0.01	0.01	0.01	0.01	0	0	0.01
GAL08_norank	0	0	0	0	0	0	0	0	0	0	0	0	0	0	0	0	0	0	0	0	0
GAL15	0	0	0.01	0.01	0.01	0.01	0	0	0.01	0	0.01	0	0	0	0	0.01	0	0.01	0	0	0
GR-WP33-30_norank	1.43	1.71	2.08	1.95	3.01	2.04	1.85	1.58	1.84	2.24	1.93	2.05	1.59	2.58	2.60	1.59	2.33	2.34	1.39	1.99	2.20
GR-WP33-58_norank	0	0.01	0.01	0	0	0.01	0.01	0.01	0.01	0.01	0	0	0.02	0.02	0.01	0	0.01	0.02	0	0.01	0.01
Gaiella	1.80	1.62	1.81	2.05	1.63	1.39	2.34	1.42	1.75	2.45	1.30	1.47	2.77	2.03	1.66	1.64	1.95	1.74	1.49	1.37	1.64
Gaiellales_uncultured	2.93	2.86	3.13	3.60	3.38	2.99	3.79	2.75	3.02	3.63	2.39	2.74	3.99	3.20	3.03	2.34	3.06	2.90	2.12	2.52	2.62
Gammaproteobacteria_unclassified	0.01	0.01	0.02	0.01	0.02	0.01	0	0.01	0	0	0.01	0.01	0.01	0.01	0.01	0.02	0.01	0.01	0.01	0.02	0.01
Gemmatimonadaceae_unclassified	0.02	0.04	0.04	0.01	0.04	0.06	0.03	0.05	0.06	0.03	0.03	0.04	0.04	0.06	0.06	0.02	0.07	0.07	0.02	0.04	0.06
Gemmatimonadaceae_norank	0	0	0	0	0	0	0	0	0	0	0	0	0	0	0	0.01	0	0	0	0	0
Gemmatimonadaceae_uncultured	0.80	1.12	1.38	0.72	0.85	0.88	0.78	1.00	1.00	1.09	1.02	1.26	1.19	1.47	1.26	1.53	2.51	2.42	1.12	1.72	1.70
Gemmatimonas	0.28	0.27	0.44	0.31	0.37	0.36	0.28	0.30	0.38	0.34	0.27	0.30	0.34	0.37	0.40	0.33	0.47	0.48	0.36	0.55	0.56
Gemmobacter	0.01	0	0	0.01	0	0.01	0.01	0.01	0.01	0	0	0.01	0	0.01	0.01	0.01	0.02	0.01	0	0.01	0.01
Georgfuchsia	0	0.01	0.01	0.05	0.03	0.04	0.02	0.02	0.03	0.02	0.04	0.01	0.02	0.01	0.02	0.03	0.05	0.02	0.01	0.01	0.01
Gitt-GS-136_norank	0.31	0.58	0.50	0.16	0.13	0.18	0.26	0.47	0.40	0.15	0.53	0.61	0.38	0.31	0.35	0.46	0.24	0.30	0.43	0.39	0.40

续表

属	1	2	3	4	5	6	7	8	9	10	11	12	13	14	15	16	17	18	19	20	21
Glaciimonas	0.01	0.02	0.01	0.02	0.02	0.02	0.01	0	0.01	0.02	0.03	0.01	0.01	0.01	0.01	0.02	0.01	0.01	0.02	0.01	0.02
Gracilibacteria_norank	0	0	0	0	0	0	0	0.01	0	0.01	0	0	0	0	0	0.01	0	0.01	0	0	0
Granulicella	0.03	0.06	0.05	0.04	0.06	0.08	0.01	0.03	0.03	0.01	0.14	0.07	0.01	0.02	0.01	0.02	0.02	0.03	0.08	0.08	0.06
HSB OF53 - F07_norank	0.20	0.21	0.10	0.83	0.63	0.73	0.18	0.19	0.23	0.01	0.26	0.17	0.07	0.03	0.04	0.55	0.12	0.17	0.10	0.09	0.07
Haliangium	0.55	0.50	0.57	0.87	0.69	0.54	1.07	0.61	0.75	1.01	0.54	0.53	0.94	0.62	0.53	0.72	0.65	0.62	0.56	0.55	0.64
Haliea	0.01	0.01	0.02	0.02	0.02	0.02	0.03	0.02	0.05	0.05	0.02	0.02	0.03	0.04	0.06	0.02	0.04	0.06	0.01	0.01	0.02
Halomonas	0	0.06	0.05	0	0.16	0.06	0	0.03	0.03	0.07	0.06	0.06	0	0.06	0.05	0	0.04	0.09	0	0.07	0.06
Hamadaea	0	0	0.01	0.01	0.01	0.06	0	0.03	0	0	0.05	0	0.02	0.01	0.01	0	0.04	0	0	0.07	0
Hirschia	0.04	0.03	0.04	0.03	0.04	0.04	0.07	0.10	0.11	0.09	0.08	0.08	0.08	0.12	0.11	0.03	0.12	0.12	0.03	0.06	0.06
Hydrogenedentes_norank	0.01	0	0	0	0	0	0	0	0	0	0	0	0	0	0	0	0	0	0.01	0	0
Hyphomicrobiaceae_unclassified	0.01	0	0.01	0.01	0.01	0.01	0.02	0.04	0.03	0.01	0.02	0.01	0.02	0.01	0.01	0.02	0.02	0.02	0.01	0.01	0.02
Hyphomicrobium	0.05	0.08	0.10	0.10	0.15	0.12	0.13	0.18	0.18	0.18	0.09	0.11	0.10	0.09	0.12	0.07	0.18	0.19	0.06	0.11	0.09
I - 10_norank	0.04	0.06	0.09	0.03	0.08	0.03	0.03	0.05	0.05	0.05	0.03	0.04	0.03	0.08	0.06	0.04	0.06	0.09	0.05	0.03	0.05
Iamia	0.04	0.04	0.03	0.04	0.08	0.07	0.12	0.18	0.14	0.14	0.12	0.13	0.12	0.11	0.17	0.08	0.16	0.12	0.06	0.09	0.11
Illumatobacter	0.02	0.04	0.03	0.04	0.02	0.05	0.07	0.11	0.06	0.06	0.04	0.08	0.10	0.08	0.12	0.04	0.11	0.08	0.02	0.08	0.06
Isosphaera	0.05	0.10	0.08	0.12	0.13	0.15	0.06	0.17	0.14	0.04	0.13	0.11	0.07	0.04	0.06	0.12	0.03	0.03	0.11	0.07	0.08
JG30 - KF - AS9_norank	0.02	0.02	0.01	0.04	0.06	0.05	0.02	0.03	0.02	0	0.01	0.01	0.01	0.01	0.01	0.01	0.01	0.01	0.01	0.01	0.01
JG30 - KF - CM45_norank	0.05	0.04	0.09	0.04	0.05	0.05	0.06	0.10	0.09	0.04	0.06	0.12	0.05	0.09	0.11	0.08	0.11	0.08	0.09	0.10	0.12
JG30 - KF - CM66_norank	0.17	0.18	0.26	0.15	0.25	0.18	0.21	0.24	0.21	0.20	0.20	0.31	0.19	0.27	0.28	0.34	0.40	0.39	0.31	0.27	0.35
JG30a - KF - 32_norank	0.02	0.05	0.02	0.03	0.05	0.05	0	0.01	0.01	0.01	0	0	0	0	0.02	0.05	0.02	0.01	0.01	0.01	0
JG34 - KF - 161_norank	0.07	0.11	0.14	0.07	0.13	0.13	0.11	0.19	0.18	0.11	0.17	0.17	0.11	0.23	0.19	0.08	0.31	0.30	0.10	0.24	0.29
JG34 - KF - 361_norank	0.06	0.09	0.12	0.06	0.05	0.06	0.07	0.15	0.16	0.12	0.12	0.10	0.14	0.20	0.21	0.09	0.15	0.21	0.07	0.13	0.13

续表

属	1	2	3	4	5	6	7	8	9	10	11	12	13	14	15	16	17	18	19	20	21
JG37-AG-20_norank	0.12	0.22	0.28	0.16	0.47	0.30	0.07	0.13	0.11	0.20	0.28	0.26	0.06	0.10	0.15	0.13	0.34	0.31	0.18	0.36	0.39
JG37-AG-4_norank	0.50	0.63	0.77	0.60	0.49	0.75	0.15	0.21	0.14	0.31	0.42	0.40	0.23	0.21	0.27	0.93	0.84	0.93	0.73	0.81	0.75
JL-ETNP-Z39_norank	0	0.01	0	0	0	0	0.01	0	0	0	0	0	0.01	0.01	0	0.01	0	0	0	0	0
Jatrophihabitans	0.37	0.62	0.69	0.92	1.06	1.19	0.42	0.64	0.63	0.69	0.60	0.69	0.49	0.65	0.57	0.27	0.51	0.58	0.33	0.44	0.52
Jeongeupia	0.01	0	0.01	0	0	0	0.01	0	0	0	0.01	0	0	0	0	0.02	0.02	0.03	0	0.01	0
KCM-B-15_norank	0.03	0.07	0.09	0.05	0.17	0.17	0.04	0.10	0.08	0.04	0.05	0.09	0.06	0.05	0.07	0.04	0.23	0.23	0.04	0.09	0.09
KCM-B-60_norank	0	0.01	0.02	0.01	0.02	0.02	0.02	0.02	0.01	0	0.01	0.01	0	0.02	0.02	0.01	0.06	0.02	0.01	0.03	0.03
KD3-10_norank	0	0	0	0	0	0	0	0	0	0	0	0	0	0	0	0	0	0	0	0	0
KD3-93_norank	0	0.01	0.02	0.06	0.08	0.08	0.02	0.01	0.02	0.02	0.01	0.02	0.03	0.02	0.02	0.03	0.02	0.01	0.01	0	0.01
KD4-96_norank	2.63	3.12	2.52	2.05	1.86	2.43	2.49	2.73	2.54	1.44	3.36	3.40	3.30	2.08	2.12	3.51	1.40	1.67	4.46	2.10	2.35
KF-JG30-B3_norank	0.15	0.35	0.39	0.15	0.32	0.30	0.20	0.27	0.36	0.21	0.23	0.28	0.31	0.44	0.50	0.26	0.68	0.73	0.26	0.65	0.55
K89A clade_norank	0.08	0.07	0.09	0.15	0.19	0.19	0.18	0.10	0.17	0.18	0.11	0.13	0.23	0.17	0.18	0.16	0.18	0.14	0.09	0.10	0.11
Kaistia	0	0	0	0	0.01	0	0	0.01	0	0	0.01	0	0.01	0.01	0	0.01	0.01	0	0	0	0
Kibdelosporangium	0	0	0	0	0	0.01	0.01	0	0	0.01	0	0.01	0	0	0	0	0	0	0.01	0	0
Kineosporia	0.03	0.03	0.03	0.10	0.09	0.14	0.07	0.04	0.05	0.04	0.04	0.04	0.06	0.05	0.05	0.08	0.08	0.07	0.04	0.03	0.04
Kineosporiaceae_unclassified	0.13	0.16	0.18	0.35	0.34	0.35	0.29	0.26	0.25	0.34	0.23	0.27	0.27	0.24	0.24	0.11	0.18	0.23	0.09	0.10	0.11
Kribbella	0.03	0.03	0.03	0.06	0.02	0.03	0.04	0.02	0.02	0.10	0.03	0.03	0.10	0.04	0.04	0.02	0.01	0.01	0.07	0.04	0.04
Kiedonobacter	0	0.01	0	0	0	0	0.01	0	0	0	0	0.01	0	0	0	0	0	0	0	0	0
Kiedonobacteraceae_unclassified	0	0	0	0.01	0.01	0.01	0	0	0	0	0	0	0	0	0	0	0	0	0	0	0
Kiedonobacteraceae_uncultured	0	0	0	0.01	0.01	0	0	0	0	0	0	0	0	0	0	0	0	0	0	0	0
Labrys	0.01	0.03	0.03	0.04	0.06	0.05	0.05	0.05	0.06	0.05	0.02	0.04	0.08	0.05	0.08	0.05	0.08	0.08	0.05	0.07	0.05
Latescibacteria_norank	0.99	0.98	0.88	0.64	0.49	0.55	0.63	0.69	0.61	0.34	0.97	0.97	0.93	0.79	0.58	1.17	0.34	0.42	1.26	0.88	0.77

续表

属	1	2	3	4	5	6	7	8	9	10	11	12	13	14	15	16	17	18	19	20	21
Legionella	0	0	0	0	0	0.01	0.01	0	0	0	0	0	0	0	0	0	0	0	0	0	0
Leptospira	0	0	0	0	0	0.01	0	0	0	0	0	0	0	0.01	0	0	0	0	0	0	0
Leptospiraceae_unclassified	0	0	0	0	0	0	0	0	0	0	0	0	0	0	0	0	0	0	0	0	0
LiUU-11-161_norank	0	0	0	0	0	0	0	0	0	0.01	0	0	0	0	0	0	0	0.01	0.01	0.01	0.01
Lineage IIa_norank	0.14	0.13	0.12	0.09	0.07	0.10	0.12	0.09	0.13	0.06	0.14	0.09	0.08	0.05	0.07	0.13	0.04	0.08	0.16	0.06	0.07
Lineage IIb_norank	0.01	0.01	0	0	0	0	0	0	0	0	0.01	0.01	0	0	0	0	0	0	0.01	0.01	0
Lineage IIc_norank	0.02	0.02	0.01	0.01	0.01	0.02	0.02	0.02	0.02	0.03	0.03	0.01	0	0.01	0.01	0.02	0.01	0	0.02	0.01	0.01
Lineage IV_norank	0.01	0.01	0	0.01	0.02	0.02	0.01	0.02	0.02	0.01	0.01	0.01	0.01	0.02	0.02	0.02	0.01	0.01	0.02	0.01	0
Litorilinea	0.01	0.01	0.02	0.01	0.01	0	0	0.01	0.01	0.01	0.01	0.01	0.01	0.01	0.01	0.01	0.01	0.01	0.01	0.01	0.01
Luedemannella	0.09	0.10	0.11	0.17	0.16	0.15	0.13	0.12	0.11	0.20	0.13	0.15	0.09	0.15	0.13	0.12	0.16	0.15	0.09	0.15	0.19
Luteibacter	0	0	0	0.01	0	0	0.01	0.01	0.01	0	0	0	0	0	0	0.01	0	0	0	0.01	0
Luteolibacter	0	0.02	0	0	0.02	0.01	0.01	0.01	0.02	0.01	0.01	0.01	0.01	0.01	0.02	0.01	0.01	0.01	0.01	0.01	0.01
Lysinibacillus	0	0.01	0	0	0	0.01	0.01	0	0	0.01	0	0	0	0	0	0	0	0	0	0	0.01
Lysinimonas	0.09	0.08	0.13	0.11	0.08	0.13	0.20	0.18	0.18	0.18	0.15	0.15	0.16	0.12	0.10	0.29	0.23	0.31	0.12	0.13	0.30
Lysobacter	0.01	0.01	0.03	0.02	0.02	0.02	0.04	0.03	0.05	0.07	0.04	0.04	0.06	0.06	0.04	0.04	0.06	0.05	0.01	0.05	0.03
MI80_norank	0.01	0.02	0.02	0.01	0.02	0.03	0.01	0.02	0.04	0.02	0.01	0.02	0.01	0.03	0.03	0.01	0.03	0.02	0.01	0.02	0.02
MNC12_norank	0.01	0.02	0.02	0.01	0.02	0.03	0.03	0.04	0.03	0.03	0.01	0.04	0.02	0.04	0.05	0.04	0.05	0.04	0.01	0.03	0.03
MND8_norank	0.10	0.23	0.23	0.20	0.46	0.42	0.20	0.37	0.38	0.31	0.29	0.31	0.30	0.39	0.41	0.20	0.46	0.45	0.17	0.33	0.32
MNG7_norank	0.03	0.06	0.03	0.02	0.04	0.04	0.05	0.09	0.08	0.10	0.07	0.05	0.06	0.06	0.02	0.06	0.15	0.11	0.06	0.06	0.07
MSB-1E8_norank	0.01	0.03	0.02	0	0.01	0	0.01	0.01	0.01	0.01	0.03	0.03	0.03	0.08	0.12	0.02	0.03	0.03	0.03	0.03	0.04
MSB-4B10_norank	0.01	0.02	0.01	0	0.01	0.02	0.01	0.01	0	0.02	0.01	0.01	0	0.03	0	0.01	0.03	0.04	0	0.03	0.02
Marinicella	0	0.01	0	0	0	0	0	0.01	0	0	0	0.01	0	0	0.01	0	0.01	0.01	0	0	0

续表

属	1	2	3	4	5	6	7	8	9	10	11	12	13	14	15	16	17	18	19	20	21
Marmoricola	0.18	0.24	0.28	0.13	0.13	0.23	0.31	0.29	0.28	0.36	0.21	0.21	0.28	0.24	0.29	0.18	0.22	0.22	0.20	0.18	0.26
Massilia	0.04	0.04	0.05	0.03	0.03	0.04	0.03	0.01	0.02	0.07	0.03	0.04	0.03	0.07	0.04	0.04	0.07	0.04	0.04	0.05	0.04
Mesorhizobium	0.15	0.17	0.21	0.06	0.13	0.12	0.07	0.14	0.11	0.22	0.14	0.17	0.18	0.23	0.22	0.12	0.31	0.23	0.18	0.27	0.25
Methylobacteriaceae_uncultured	0.07	0.08	0.12	0.13	0.10	0.12	0.10	0.07	0.07	0.12	0.07	0.07	0.07	0.08	0.06	0.11	0.11	0.14	0.10	0.10	0.10
Methylophilaceae_uncultured	0	0.01	0	0	0	0	0	0.01	0.01	0.01	0.01	0	0.01	0.01	0	0	0	0.01	0	0	0
Methylophilus	0	0	0.07	0	0	0	0	0	0	0	0	0.01	0	0	0.01	0	0	0	0	0.04	0
Methylorosula	0.01	0.02	0.03	0	0	0.02	0	0	0.01	0.03	0.06	0.07	0	0.01	0	0.03	0.03	0.04	0.04	0.07	0.06
Methylotenera	0.01	0.01	0.01	0	0	0	0.02	0.01	0.01	0	0.01	0	0	0.01	0	0	0.01	0.01	0	0	0
Microlunatus	0.21	0.02	0.02	0.24	0.05	0.04	0.42	0.05	0.05	0.54	0.04	0.01	0.47	0.06	0.04	0.22	0.13	0.07	0.31	0.08	0.02
Micromonospora	0	0	0	0.01	0.01	0.01	0	0	0.01	0.01	0	0.01	0.01	0.01	0	0	0.01	0.01	0	0.01	0
Micromonosporaceae_unclassified	0.16	0.14	0.12	0.32	0.42	0.28	0.24	0.25	0.27	0.41	0.27	0.24	0.18	0.26	0.28	0.25	0.39	0.33	0.19	0.17	0.18
Micromonosporaceae_uncultured	0.02	0.04	0.04	0.07	0.12	0.06	0.06	0.07	0.06	0.06	0.04	0.04	0.03	0.06	0.06	0.06	0.08	0.06	0.02	0.04	0.04
Microvirga	0.01	0.04	0.03	0.03	0.02	0.05	0.06	0.09	0.06	0.12	0.09	0.06	0.09	0.10	0.10	0.05	0.08	0.06	0.02	0.04	0.05
Moraxellaceae_uncultured	0.01	0.01	0.01	0.01	0.01	0	0.01	0	0.01	0.01	0.01	0.02	0.01	0.03	0.02	0.02	0.03	0.03	0	0.02	0.01
Mucilaginibacter	0	0.01	0.03	0.02	0.03	0.03	0	0.03	0.03	0.03	0.02	0.02	0.03	0.01	0.02	0.02	0.01	0.01	0.03	0.04	0.03
Mycobacterium	1.80	1.46	2.16	2.82	2.07	2.31	2.76	2.38	2.21	5.10	2.10	2.25	3.38	2.25	2.18	1.70	2.10	1.72	2.22	1.93	2.22
Myxococcales_unclassified	0.11	0.11	0.11	0.17	0.20	0.20	0.14	0.13	0.12	0.20	0.13	0.16	0.13	0.15	0.14	0.13	0.15	0.15	0.11	0.10	0.18
Myxococcales_norank	0	0	0	0.01	0.02	0	0	0	0.01	0	0	0	0	0	0	0	0	0.01	0	0	0
Myxococcales_uncultured	0.04	0.06	0.05	0.05	0.07	0.06	0.09	0.05	0.07	0.05	0.04	0.04	0.07	0.07	0.07	0.06	0.13	0.12	0.05	0.07	0.10
NKB5_norank	0.01	0.01	0.01	0.01	0.01	0.01	0.01	0	0	0	0.01	0	0.01	0.01	0.01	0.01	0.01	0.01	0	0.01	0.01
NPL－UPA2_norank	0.01	0	0	0	0	0	0	0	0	0	0	0	0	0	0	0	0	0	0	0	0
NS11－12 marine group_norank	0.01	0.01	0.03	0.02	0.04	0.04	0.04	0.05	0.06	0.03	0.03	0.04	0.06	0.03	0.04	0.04	0.03	0.05	0.04	0.03	0.05

续表

属	1	2	3	4	5	6	7	8	9	10	11	12	13	14	15	16	17	18	19	20	21
NS72_norank	0.01	0.02	0.01	0	0.01	0.01	0.02	0.02	0.02	0.04	0.02	0.02	0.03	0.03	0.03	0.01	0.02	0.03	0	0.02	0.01
NS9 marine group_norank	0.04	0.02	0.04	0.02	0.03	0.02	0.05	0.06	0.05	0.09	0.06	0.04	0.11	0.07	0.05	0.05	0.07	0.06	0.04	0.03	0.03
Nakamurella	0.03		0.01	0.06	0.05	0.05	0.07	0.12	0.13	0.06	0.06	0.04	0.07	0.09	0.08	0.04	0.13	0.08	0.02	0.06	0.04
Nannocystis	0.01		0.01		0.01		0	0.01	0.01	0.01	0						0.01	0.01	0.01	0.01	0.01
Niastella	0	0	0	0.04	0.04	0.03	0	0.01	0.02	0.02	0.01	0	0.01	0.02	0.02	0.01	0	0.01	0.01	0.01	0.01
Nitrosococcus	0	0	0	0	0.01	0.01	0	0.02	0.01	0.01	0.01	0	0.01	0.02	0.01	0	0	0	0	0	0.01
Nitrosomonadaceae_unclassified	0.39	0.33	0.42	0.44	0.34	0.31	0.25	0.17	0.20	0.48	0.20	0.23	0.36	0.38	0.27	0.29	0.25	0.28	0.35	0.29	0.36
Nitrosomonadaceae_norank	0.01	0.02	0.01	0.02	0	0.02	0.03	0.03	0.02	0.01	0.01	0.01	0.02	0.02	0.01	0.04	0.01	0.02	0.02	0.02	0.02
Nitrosomonadaceae_uncultured	1.79	1.64	1.74	1.92	1.60	1.28	3.61	2.29	2.50	4.14	1.71	1.86	3.60	3.01	2.53	3.61	3.57	3.63	2.92	2.62	3.28
Nitrosomonadales_unclassifed	0.01	0.01	0.01	0.02			0.01	0	0	0.01	0	0	0.01	0	0	0.01	0	0.01	0.01	0.01	0.02
Nitrosospira	0.01	0	0	0	0	0.01	0.01	0	0.01	0.01	0	0.01	0.02	0	0.01	0.01	0	0	0.01	0	0.01
Nitrospinaceae_uncultured	0.13	0.07	0.11	0.03	0.02	0.05	0.06	0.05	0.07	0.15	0.12	0.09	0.12	0.15	0.13	0.06	0.05	0.07	0.07	0.08	0.10
Nitrospira	4.05	3.56	3.84	5.09	3.97	2.82	4.32	2.70	2.79	5.59	2.97	4.00	4.66	4.29	3.93	4.22	3.50	3.13	4.39	3.24	3.57
Nocardia	0	0	0	0	0	0	0	0	0	0	0.01	0	0.01	0.01	0	0	0	0	0	0	0
Nocardioides	0.12	0.08	0.13	0.17	0.10	0.12	0.15	0.16	0.15	0.32	0.11	0.12	0.07	0.13	0.21	0.14	0.14	0.19	0.12	0.12	0.12
Nordella	0.02	0.06	0.05	0.03	0.03	0.03	0.03	0.03	0.08	0.08	0.05	0.08	0.10	0.15	0.11	0.11	0.11	0.13	0.07	0.11	0.09
Novosphingobium	0.01	0.01	0.01	0.02	0.06	0.06	0.01	0.02	0.03	0.04	0.04	0.02	0.05	0.08	0.10	0.04	0.09	0.08	0.01	0.03	0.02
OM1 clade_norank	0	0	0	0	0	0	0.06	0.06	0.09	0.04	0.03	0.03	0.01	0.02	0.01	0.02	0.02	0.01	0.01	0.01	0
OM190_norank	0.36	0.55	0.41	0.29	0.28	0.33	0.45	0.53	0.52	0.17	0.48	0.38	0.32	0.22	0.35	0.43	0.16	0.16	0.40	0.27	0.31
OM27 clade	0.02	0.08	0.12	0.03	0.06	0.07	0.05	0.11	0.10	0.07	0.01	0.08	0.06	0.14	0.11	0.04	0.14	0.12	0.02	0.08	0.10
OM60(NOR5) clade	0	0	0	0.01	0	0.01	0.03	0.01	0.02	0.01	0.01	0.01	0.01	0.01	0.01	0.01	0.01	0.01	0.01	0.01	0.01
OPB35 soil group_norank	0.58	0.79	0.63	0.47	0.57	0.51	0.60	0.75	0.71	0.19	0.83	0.33	0.44	0.37	0.58	0.56	0.23	0.22	0.69	0.63	0.60

续表

属	1	2	3	4	5	6	7	8	9	10	11	12	13	14	15	16	17	18	19	20	21
OPB56_norank	0.02	0.03	0.02	0.02	0.02	0.02	0.04	0.04	0.03	0.06	0.02	0.04	0.05	0.04	0.04	0.03	0.04	0.04	0.02	0.02	0.06
Obscuribacterales_norank	0.01	0.01	0.01	0.01	0.02	0	0.01	0.01	0.01	0	0.01	0.01	0	0.01	0.02	0	0	0.01	0.01	0	0
Ohtaekwangia	0.02	0.01	0.01	0.04	0.02	0.02	0.06	0.06	0.04	0.07	0.03	0.02	0.03	0.04	0.02	0.02	0.03	0.02	0.01	0.01	0.02
Oligoflexaceae_norank	0.01	0.01	0.02	0.02	0.01	0.01	0.01	0.01	0	0.01	0.01	0.01	0.01	0.01	0.01	0.01	0.01	0.02	0.01	0.01	0.01
Oligoflexales_norank	0.02	0.02	0.03	0.02	0.02	0.01	0.03	0.02	0.02	0.03	0.02	0.01	0.02	0.02	0.02	0.01	0.02	0.01	0.02	0.01	0.03
Oligoflexus	0	0	0	0	0	0	0	0.01	0	0	0	0.01	0.01	0.01	0	0.01	0.01	0	0	0.01	0
Opitutus	0.05	0.05	0.08	0.04	0.07	0.04	0.09	0.12	0.09	0.03	0.04	0.02	0.05	0.04	0.09	0.09	0.15	0.14	0.05	0.09	0.10
Oryzihumus	0.11	0.09	0.10	0.12	0.12	0.18	0.29	0.18	0.21	0.13	0.12	0.12	0.17	0.16	0.14	0.12	0.09	0.11	0.14	0.12	0.25
Oxalobacteraceae_unclassified	0	0	0	0	0	0	0	0	0	0	0	0	0	0	0.01	0	0.01	0.02	0	0	0
Oxalobacteraceae_uncultured	0.03	0.02	0.03	0.01	0.01	0.01	0.02	0.01	0.01	0.03	0	0.01	0.01	0.01	0.02	0.02	0.03	0.01	0.01	0.02	0.02
P2 – 11E_norank	0.04	0.04	0.03	0	0.02	0.03	0	0.01	0.01	0	0.05	0.01	0.03	0.04	0.04	0.04	0.02	0.04	0.05	0.06	0.04
P3OB – 42_norank	0.02	0.03	0.01	0.01	0.02	0.01	0.04	0.03	0.02	0.06	0	0.01	0.01	0.02	0.02	0.01	0.02	0.02	0	0.01	0.02
PAUC26f_norank	0.03	0.03	0.03	0.02	0.02	0.03	0.01	0.02	0.03	0.06	0.01	0.02	0.05	0.04	0.05	0.04	0.07	0.06	0.03	0.05	0.04
PHOS – HE51_norank	0.10	0.09	0.10	0.07	0.09	0.07	0.14	0.12	0.13	0.10	0.09	0.04	0.14	0.17	0.13	0.11	0.13	0.11	0.09	0.11	0.06
Paenibacillus	0.05	0.04	0.04	0.05	0.02	0.06	0.06	0.06	0.06	0.08	0.01	0.01	0.03	0.03	0.05	0.09	0.13	0.10	0.03	0.05	0.03
Parachlamydiaceae_unclassified	0	0	0	0.01	0	0	0	0	0	0	0	0	0	0	0.01	0	0.01	0.01	0	0	0
Parafilimonas	0.04	0.06	0.06	0.10	0.07	0.10	0.09	0.05	0.06	0.10	0.04	0.06	0.05	0.05	0.06	0.06	0.09	0.06	0.05	0.06	0.06
Parasegetibacter	0	0	0.01	0.01	0.01	0.01	0.01	0.01	0.01	0.01	0	0.01	0.01	0.01	0.01	0	0.01	0	0	0	0.01
Parcubacteria_norank	0.05	0.07	0.04	0.03	0.03	0.05	0.01	0.05	0.03	0.01	0.02	0.03	0.01	0.02	0.03	0.05	0.03	0.02	0.07	0.09	0.05
Parvibaculum	0.01	0	0	0	0	0	0	0	0	0.01	0	0.01	0	0	0	0	0	0.01	0.01	0.01	0.01
Patulibacter	0.12	0.13	0.12	0.20	0.25	0.13	0.15	0.09	0.13	0.20	0.08	0.12	0.11	0.17	0.15	0.04	0.08	0.12	0.06	0.07	0.07
Pedobacter	0.01	0.01	0.01	0	0.01	0.01	0.01	0.01	0.01	0.01	0.01	0.01	0.01	0.02	0.02	0	0.01	0.01	0	0	0.01

续表

属	1	2	3	4	5	6	7	8	9	10	11	12	13	14	15	16	17	18	19	20	21
Pedomicrobium	0.45	0.57	0.63	0.54	0.75	0.65	0.80	0.87	0.90	1.06	0.64	0.74	0.87	0.84	0.97	0.63	1.02	1.01	0.55	0.69	0.77
Pelagibacterium	0	0.01	0.01	0	0.01	0	0	0.01	0	0	0	0.01	0	0	0	0	0.01	0	0	0.01	0.01
Phaselicystis	0.11	0.07	0.08	0.14	0.07	0.07	0.23	0.12	0.12	0.23	0.08	0.10	0.24	0.12	0.12	0.18	0.13	0.13	0.17	0.09	0.09
Phenylobacterium	0.10	0.15	0.18	0.09	0.27	0.24	0.08	0.13	0.18	0.14	0.19	0.21	0.11	0.29	0.30	0.15	0.39	0.34	0.14	0.25	0.24
Phreatobacter	0	0	0.01	0	0	0	0	0	0	0.01	0	0	0	0	0	0.01	0.01	0.01	0	0	0
Phycisphaera	0	0	0	0	0	0	0	0	0	0	0	0	0	0	0	0	0.02	0.01	0	0	0
Phycisphaeraceae_unclassified	0	0	0	0	0	0	0	0	0	0	0	0	0	0	0	0	0	0	0.01	0	0
Phycisphaeraceae_uncultured	0.01	0.01	0.01	0.01	0.01	0.01	0.01	0.01	0.01	0.01	0.01	0.01	0.01	0.02	0.01	0.01	0.01	0.01	0.01	0.01	0.01
Phyllobacteriaceae_unclassified	0.06	0.12	0.12	0.08	0.13	0.17	0.10	0.24	0.22	0.18	0.16	0.22	0.20	0.31	0.26	0.11	0.21	0.26	0.09	0.22	0.17
Pla3 lineage_norank	0.01	0	0	0.01	0	0.01	0.01	0.01	0.01	0	0	0.01	0.01	0	0	0	0	0.01	0.01	0	0.01
Pla4 lineage_norank	0.11	0.11	0.10	0.03	0.03	0.05	0.10	0.09	0.08	0.02	0.09	0.08	0.04	0.06	0.07	0.07	0.04	0.03	0.07	0.14	0.08
Planctomycetaceae_unclassified	0	0.01	0	0	0	0.01	0	0	0	0	0	0	0	0.02	0	0	0	0.01	0	0	0
Planctomycetaceae_norank	0.02	0.02	0.04	0.03	0.01	0.04	0.01	0.02	0.02	0.01	0.01	0.02	0.01	0.01	0.02	0.01	0.01	0.01	0.01	0.02	0.01
Planctomycetaceae_uncultured	0.28	0.37	0.25	0.22	0.22	0.28	0.17	0.32	0.23	0.10	0.26	0.21	0.20	0.11	0.23	0.37	0.15	0.15	0.40	0.36	0.29
Planctomycetes_unclassified	0.01	0.01	0.01	0	0	0	0.01	0	0.01	0	0	0	0	0	0	0	0	0	0	0	0
Planosporangium	0.02	0.01	0	0	0.01	0.01	0.01	0.01	0	0.02	0	0.03	0.01	0.02	0.01	0.01	0.01	0.02	0.01	0.01	0.01
Plot4 - 2H12_norank	0.02	0.02	0.02	0.01	0.01	0.01	0.04	0.02	0.01	0.01	0.01	0.01	0.01	0.01	0.04	0.01	0.04	0.04	0.01	0.02	0.04
Polaromonas	0	0	0	0	0	0	0.01	0	0	0.01	0	0.01	0	0	0	0	0	0	0	0	0
Polyangium	0	0	0.02	0.01	0	0.01	0.01	0.01	0.01	0.01	0.01	0.01	0.01	0	0.01	0.03	0.01	0	0	0	0
Polycyclovorans	0.02	0.02	0	0	0	0	0.02	0.01	0.01	0.02	0.02	0.01	0	0.03	0	0.03	0.06	0.03	0.02	0.05	0.05
Propionibacteriaceae_unclassified	0.01	0	0	0.01	0.01	0.01	0.01	0.01	0.01	0.01	0	0.01	0.01	0	0.01	0.01	0.01	0.01	0.01	0	0
Pseudenhygromyxa	0	0	0	0	0	0	0	0.01	0	0.01	0	0	0.01	0	0	0	0	0	0	0	0.01

续表

属	1	2	3	4	5	6	7	8	9	10	11	12	13	14	15	16	17	18	19	20	21
Pseudoduganella	0.03	0	0	0	0	0	0.01	0.01	0	0.03	0.01	0.01	0.01	0.01	0	0	0.01	0.01	0.01	0.02	0.01
Pseudolabrys	0.05	0.05	0.06	0.02	0.05	0.06	0.04	0.06	0.04	0.02	0.03	0.03	0.02	0.03	0.04	0.02	0.05	0.06	0.03	0.05	0.06
Pseudomonas	0.08	0.08	0.09	0.13	0.12	0.09	0.25	0.15	0.16	0.29	0.15	0.16	0.26	0.18	0.17	0.21	0.18	0.13	0.07	0.08	0.08
Pseudonocardia	0.43	0.39	0.48	0.97	0.89	0.91	1.04	0.86	0.86	1.32	0.61	0.74	0.77	0.69	0.65	0.37	0.51	0.48	0.33	0.37	0.43
Pseudoxanthomonas	0	0	0	0	0	0	0	0.01	0.01	0.01	0	0	0.01	0	0	0	0	0	0	0	0
Psychrobacillus	0.01	0.01	0	0.01	0.01	0	0.02	0.01	0.01	0.03	0.01	0.02	0.01	0	0.01	0.01	0.01	0.01	0	0.01	0.01
RB41_norank	3.80	2.48	1.83	1.81	1.01	1.10	2.30	1.59	1.43	1.10	2.01	2.43	2.76	1.93	1.51	4.43	1.08	1.29	5.04	2.39	1.91
Ramlibacter	0	0	0	0.01	0	0.01	0.03	0.02	0.02	0.02	0.02	0.01	0.02	0.01	0.01	0.01	0.01	0.01	0.01	0.01	0.01
Reyranella	0.34	0.46	0.60	0.34	0.58	0.66	0.28	0.42	0.48	0.51	0.48	0.48	0.44	0.44	0.52	0.39	0.77	0.72	0.35	0.59	0.68
Rhizobacter	0.06	0.06	0.06	0.12	0.16	0.12	0.12	0.10	0.09	0.14	0.07	0.10	0.13	0.13	0.10	0.09	0.12	0.09	0.07	0.10	0.12
Rhizobiales_unclassified	0.04	0.05	0.05	0.05	0.13	0.10	0.07	0.07	0.07	0.10	0.07	0.07	0.07	0.05	0.06	0.05	0.10	0.12	0.05	0.07	0.08
Rhizobium	0.02	0.02	0.06	0.04	0.02	0.06	0.07	0.05	0.06	0.09	0.07	0.06	0.13	0.09	0.10	0.06	0.09	0.11	0.03	0.03	0.06
Rhizocola	0	0	0	0	0.01	0	0.02	0.03	0.02	0.01	0	0	0.01	0.01	0.02	0.01	0.02	0.02	0	0	0
Rhizomicrobium	0.11	0.24	0.24	0.12	0.32	0.31	0.10	0.16	0.10	0.10	0.14	0.17	0.09	0.16	0.16	0.17	0.42	0.44	0.14	0.29	0.32
Rhodanobacter	0.09	0.10	0.15	0.53	0.39	0.43	0.21	0.11	0.13	0.37	0.18	0.16	0.04	0.06	0.06	0.12	0.13	0.16	0.19	0.23	0.25
Rhodobiaceae_uncultured	1.13	1.73	2.39	1.18	1.83	1.88	1.68	2.52	2.55	2.34	1.80	1.98	1.85	2.15	2.12	0.95	1.79	1.82	0.91	1.43	1.48
Rhodococcus	0.01	0.01	0	0.01	0	0	0.01	0.01	0.01	0.01	0.01	0.01	0.02	0.01	0.01	0.01	0.01	0.01	0.01	0.01	0
Rhodomicrobium	0.02	0.02	0.02	0.06	0.12	0.13	0.05	0.09	0.08	0.06	0.07	0.07	0.02	0.04	0.04	0.03	0.06	0.05	0.01	0.02	0.04
Rhodoplanes	0.36	0.51	0.61	0.34	0.46	0.52	0.49	0.70	0.75	0.65	0.64	0.61	0.73	0.81	0.88	0.58	1.07	1.05	0.48	0.77	0.72
Rhodospirillaceae_unclassified	0.01	0.01	0.01	0.01	0.02	0.02	0.01	0.01	0.01	0.03	0	0.02	0	0.04	0	0.01	0.05	0.02	0.02	0.01	0.02
Rhodospirillaceae_uncultured	0.12	0.22	0.21	0.10	0.21	0.16	0.18	0.42	0.36	0.26	0.29	0.34	0.44	0.72	0.74	0.28	0.56	0.53	0.23	0.40	0.37
Rhodospirillales_unclassified	0	0.01	0.01	0	0.01	0.01	0.03	0.01	0.02	0	0.01	0.01	0.01	0.01	0.01	0	0.01	0.02	0	0.01	0

续表

属	1	2	3	4	5	6	7	8	9	10	11	12	13	14	15	16	17	18	19	20	21
Rhodovastum	0.01	0.05	0.03	0.02	0.01	0.02	0.01	0.02	0.02	0.08	0.06	0.06	0.01	0	0	0.03	0.06	0.08	0.06	0.12	0.09
Roseiflexus	0.15	0.20	0.22	0.20	0.14	0.22	0.25	0.25	0.28	0.17	0.14	0.24	0.21	0.33	0.33	0.33	0.38	0.42	0.25	0.29	0.35
S−BQ2−57 soil group_norank	0.17	0.15	0.05	0.12	0.06	0.06	0.11	0.09	0.09	0.02	0.03	0.08	0.05	0.06	0.08	0.12	0.05	0.03	0.14	0.08	0.07
SO134 terrestrial group_norank	0	0.01	0.01	0	0.01	0.01	0.01	0.02	0.02	0	0.01	0.01	0	0.01	0.02	0	0.02	0	0	0.02	0.01
S085_norank	0.22	0.26	0.30	0.21	0.16	0.18	0.27	0.26	0.25	0.16	0.26	0.30	0.26	0.26	0.33	0.39	0.33	0.33	0.33	0.39	0.38
SC−I−84_norank	0.95	1.45	1.67	1.62	1.91	1.74	1.47	1.36	1.58	1.87	1.58	1.56	1.48	2.01	1.79	1.36	2.27	2.25	1.17	1.63	1.99
SHA−109_norank	0.03	0.02	0.04	0.01	0.02	0.01	0.02	0.02	0.01	0	0.01	0.01	0.02	0.01	0.02	0.02	0.01	0.02	0.05	0.06	0.03
SJA−149_norank	0.02	0.02	0.02	0.04	0.01	0.01	0.05	0.04	0.05	0.07	0.04	0.04	0.05	0.07	0.05	0.07	0.06	0.09	0.01	0.02	0.04
SJA−28_norank	0.01	0.02	0.03	0.01	0.01	0.03	0.03	0.02	0.03		0.02	0.01	0.01	0.04	0.05	0.02	0.07	0.07	0.03	0.03	0.02
SM1A02	0.05	0.13	0.13	0.05	0.14	0.16	0.08	0.21	0.17	0.04	0.12	0.08	0.10	0.17	0.28	0.07	0.26	0.20	0.09	0.19	0.18
SM2D12_norank	0.01	0.01	0.03	0.01	0.01	0.01		0.01		0.01	0.01	0.01	0.01	0.02	0.02	0.01	0.02	0.02	0.01	0.01	0.01
SM2F11_norank	0.06	0.09	0.17	0.03	0.13	0.08	0.04	0.09	0.05	0.04	0.05	0.03	0.06	0.06	0.06	0.04	0.11	0.07	0.06	0.10	0.08
SPOTSOCT00m83_norank	0.01	0	0.01				0.01	0.01						0.01	0.01		0.01	0.02		0.01	0
Saccharibacteria_norank	0.06	0.04	0.07	0.08	0.04	0.06	0.07	0.06	0.07	0.18	0.07	0.05	0.09	0.05	0.04	0.13	0.11	0.11	0.12	0.06	0.07
Sandaracinaceae_unclassified	0	0	0	0	0	0	0	0.02	0.02	0	0	0	0	0	0	0	0	0	0	0	0
Sandaracinaceae_norank	0	0	0	0	0	0	0	0	0	0	0.01	0	0	0	0	0	0	0	0	0	0
Sandaracinaceae_uncultured	0.02	0.01	0.01	0.04	0.04	0.02	0.10	0.06	0.09	0.12	0.04	0.07	0.09	0.08	0.10	0.05	0.07	0.07	0.04	0.02	0.03
Sandaracinus	0	0.01	0	0	0	0	0	0	0	0.01	0	0.01	0.01	0.01	0.01	0	0	0	0	0.01	0.01
Saprospiraceae_uncultured	0.05	0.05	0.06	0.03	0.04	0.05	0.08	0.09	0.07	0.08	0.07	0.08	0.15	0.14	0.13	0.15	0.12	0.11	0.10	0.06	0.09
Sediminibacterium	0	0	0	0.01	0.01	0.01	0	0.01	0.01	0.01	0.01	0	0.01	0.01	0	0	0.01	0	0.01	0.01	0.01
Segetibacter	0	0	0	0	0	0	0	0.01	0	0	0	0	0	0	0	0	0.01	0	0	0	0
Sh765B−TzT−29_norank	0.17	0.25	0.29	0.21	0.35	0.25	0.23	0.42	0.42	0.25	0.37	0.40	0.42	0.62	0.60	0.18	0.58	0.41	0.17	0.33	0.35

续表

属	1	2	3	4	5	6	7	8	9	10	11	12	13	14	15	16	17	18	19	20	21
Simkaniaceae_unclassified	0	0.01	0	0	0	0	0	0	0	0	0	0	0	0	0	0	0	0	0	0	0
Singulisphaera	0.07	0.10	0.07	0.07	0.04	0.05	0.03	0.03	0.04	0.03	0.06	0.05	0.05	0.02	0.04	0.04	0.02	0.02	0.11	0.08	0.05
Shermanella	0	0	0	0	0	0	0.01	0	0	0	0	0	0.01	0.01	0.01	0.01	0.01	0.01	0	0	0
Sneathiellaceae_uncultured	0.01	0	0.01	0.01	0.01	0.01	0.01	0.01	0.02	0	0.02	0	0.01	0.01	0.02	0.01	0.01	0.01	0	0.01	0.01
Solimonadaceae_unclassified	0	0	0	0	0	0	0	0.01	0.01	0	0	0	0	0	0	0	0	0	0	0	0
Solirubrobacter	0.29	0.23	0.28	0.23	0.20	0.13	0.44	0.26	0.30	0.41	0.22	0.25	0.29	0.41	0.35	0.19	0.21	0.20	0.23	0.27	0.29
Solirubrobacterales_unclassified	0.07	0.07	0.09	0.06	0.06	0.04	0.15	0.07	0.10	0.13	0.10	0.10	0.09	0.12	0.09	0.04	0.08	0.07	0.07	0.09	0.09
Solirubrobacterales_norank	0	0	0	0	0	0	0	0	0.01	0.01	0	0.01	0	0	0	0	0	0	0	0	0
Solialea	0.01	0.01	0.01	0.01	0.01	0	0.01	0	0	0.02	0.02	0	0.01	0	0.01	0.02	0.01	0.02	0.01	0	0
Sorangium	0.07	0.03	0.03	0.12	0.05	0.07	0.15	0.08	0.05	0.16	0.05	0.06	0.16	0.08	0.07	0.10	0.07	0.07	0.06	0.06	0.07
Sphingobacteriaceae_unclassified	0	0	0	0	0	0	0	0	0	0	0	0	0	0	0	0	0	0	0	0	0
Sphingobacteriales_unclassified	0.01	0	0.01	0	0.01	0.01	0.03	0.01	0.01	0.02	0	0	0.01	0.01	0.01	0.01	0.01	0.01	0	0.01	0.01
Sphingobium	0	0.01	0.02	0.02	0.05	0.06	0.01	0.04	0.04	0.04	0.04	0.04	0.01	0.03	0.05	0.01	0.03	0.02	0	0.01	0.01
Sphingomonas	0.10	0.21	0.23	0.07	0.21	0.21	0.08	0.19	0.20	0.16	0.25	0.29	0.23	0.40	0.43	0.21	0.73	0.71	0.20	0.48	0.52
Sporichthya	0.03	0.06	0.05	0.04	0.04	0.05	0.06	0.04	0.05	0.05	0.04	0.07	0.05	0.03	0.05	0.06	0.07	0.05	0.05	0.04	0.03
Sporichthyaceae_uncultured	0.14	0.16	0.19	0.14	0.18	0.21	0.18	0.16	0.21	0.26	0.17	0.20	0.19	0.20	0.18	0.15	0.25	0.21	0.15	0.22	0.22
Stenotrophomonas	0	0	0	0	0	0	0	0	0	0.01	0	0.01	0	0	0	0	0	0.01	0.01	0	0
Steroidobacter	0.01	0.05	0.02	0.04	0.04	0.03	0.06	0.08	0.10	0.09	0.09	0.06	0.09	0.17	0.16	0.04	0.04	0.05	0.04	0.06	0.07
Streptomyces	0.08	0.12	0.13	0.11	0.10	0.12	0.17	0.17	0.18	0.16	0.08	0.15	0.19	0.13	0.17	0.12	0.14	0.18	0.09	0.14	0.13
Streptosporangiaceae_unclassified	0	0	0	0	0	0	0	0	0	0	0	0	0	0	0	0	0	0	0	0	0
Streptosporangium	0.02	0.02	0.02	0.02	0.01	0.01	0.02	0.02	0.01	0.04	0.01	0.04	0.02	0.04	0.03	0.03	0.02	0.03	0.02	0.01	0.02
Subgroup_11_norank	0.14	0.26	0.30	0.09	0.24	0.23	0.17	0.33	0.35	0.09	0.52	0.35	0.15	0.33	0.38	0.21	0.11	0.12	0.21	0.18	0.23

续表

属	1	2	3	4	5	6	7	8	9	10	11	12	13	14	15	16	17	18	19	20	21
Subgroup 12_norank	0	0	0	0.01	0	0.01	0.01	0	0	0.01	0.02	0.01	0.02	0.02	0.02	0.02	0.01	0.01	0.02	0.01	0.04
Subgroup 13_norank	0.01	0.02	0.01	0.01	0.01	0.01	0.01	0	0.01	0	0	0.02	0	0.01	0.01	0.01	0.01	0.01	0.01	0.01	0.01
Subgroup 15_norank	0.01	0.03	0.01	0.01	0.02	0.03	0.01	0.02	0.02	0	0.02	0.02	0	0.03	0.02	0.02	0.02	0.02	0.02	0.06	0.02
Subgroup 17_norank	0.54	0.98	0.79	0.45	0.68	0.46	0.71	1.02	0.94	0.25	1.24	1.21	0.56	1.07	0.78	0.66	0.39	0.42	0.65	0.57	0.65
Subgroup 18_norank	0.04	0.09	0.03	0.01	0.02	0.02	0.04	0.06	0.05	0.01	0.06	0.07	0.05	0.04	0.02	0.04	0	0.01	0.06	0.01	0.03
Subgroup 19_norank	0.01	0	0	0	0	0	0	0	0	0	0	0	0.01	0	0.01	0.01	0.01	0	0	0	0.01
Subgroup 20_norank	0.01	0	0	0	0	0	0	0.01	0	0.07	0.01	0.01	0.01	0.01	0.01	0.01	0	0.03	0.01	0.01	0.01
Subgroup 25_norank	0.12	0.10	0.09	0.13	0.08	0.12	0.17	0.08	0.09	0.07	0.14	0.12	0.11	0.08	0.09	0.16	0.03	0.03	0.13	0.07	0.07
Subgroup 2_norank	0.61	1.03	0.79	1.17	1.33	1.50	0.48	0.60	0.65	0.25	1.49	0.95	0.44	0.53	0.49	1.05	0.50	0.66	0.90	0.77	0.78
Subgroup 3_unclassified	0.09	0.14	0.16	0.17	0.14	0.21	0.04	0.05	0.05	0.15	0.07	0.06	0.07	0.09	0.10	0.21	0.28	0.29	0.17	0.21	0.24
Subgroup 4_unclassified	0.01	0.01	0	0.01	0.01	0.01	0.01	0.01	0	0	0.01	0.01	0	0.01	0.01	0.01	0.01	0.01	0.03	0.04	0.02
Subgroup 5_norank	0.38	0.79	0.73	0.28	0.56	0.65	0.27	0.67	0.90	0.09	1.07	0.79	0.33	0.65	0.65	0.42	0.30	0.47	0.47	0.70	0.65
Subgroup 6_norank	9.47	7.67	6.00	5.21	4.23	4.47	7.11	7.83	7.22	2.49	7.97	9.70	6.61	6.97	5.75	7.72	2.63	3.33	10.13	8.68	5.85
Subgroup 7_norank	0.56	1.24	1.14	0.67	1.06	1.03	0.56	0.63	0.66	0.48	0.68	0.94	0.61	0.87	0.84	0.73	1.17	1.25	0.70	0.98	1.02
Sva0725_norank	0.01	0.02	0.01	0.01	0.04	0.02	0	0.02	0.02	0	0.02	0.01	0.01	0.03	0.03	0.03	0.02	0.01	0	0.03	0.02
Sva0996 marine group_norank	0	0	0.01	0	0.01	0.01	0	0	0.01	0.01	0	0	0	0	0	0	0	0	0	0	0.01
Syntrophaceae_uncultured	0	0	0	0	0	0	0	0	0	0.01	0	0	0	0	0	0	0	0	0	0	0
TA06_norank	0.02	0.02	0.02	0.03	0.01	0.08	0.02	0.02	0.03	0.04	0.04	0.04	0	0	0.01	0.03	0.02	0.04	0	0.02	0.02
TA18_norank	0.66	0.64	0.76	0.92	0.87	0.86	0.55	0.65	0.66	0.56	0.60	0.73	0.75	0.70	0.87	0.89	0.89	0.96	0.76	0.78	0.85
TK10_norank	0.02	0.02	0.04	0.01	0.01	0.02	0.02	0.04	0.04	0.02	0.03	0.03	0.03	0.03	0.03	0.03	0.05	0.04	0.02	0.02	0.02
TK34_norank	0.02	0.02	0.04	0.01	0.01	0.02	0.02	0.04	0.04	0.02	0.03	0.03	0.03	0.03	0.03	0.03	0.05	0.04	0.02	0.02	0.02
TM146_norank	0.04	0.06	0.06	0.13	0.16	0.09	0.05	0.03	0.04	0.10	0.04	0.05	0.05	0.05	0.04	0.09	0.08	0.11	0.03	0.05	0.06

续表

属	1	2	3	4	5	6	7	8	9	10	11	12	13	14	15	16	17	18	19	20	21
TM6_norank	0.02	0.01	0.01	0.01	0.02	0	0.01	0.01	0	0.01	0.01	0.01	0.01	0.01	0.01	0.02	0	0.01	0.01	0.01	0.02
TRA3-20_norank	0.27	0.31	0.50	0.28	0.28	0.29	0.59	0.45	0.52	0.60	0.39	0.39	0.52	0.61	0.55	0.55	0.75	0.73	0.40	0.48	0.58
Terrimonas	0.18	0.23	0.30	0.22	0.19	0.22	0.45	0.37	0.40	0.53	0.32	0.23	0.51	0.50	0.48	0.34	0.47	0.49	0.28	0.30	0.26
Thermomonosporaceae_unclassified	0	0	0	0	0	0	0	0	0	0	0	0	0.01	0	0	0	0	0	0	0	0
Tumebacillus	0.01	0.01	0	0	0	0	0.01	0.01	0.01	0.01	0.01	0.01	0.02	0.01	0.01	0.01	0.02	0.01	0.01	0.02	0.01
Turneriella	0	0	0.01	0	0	0.01	0.01	0	0	0	0.01	0.01	0.01	0	0	0	0	0	0	0	0.01
Undibacterium	0.01	0.01	0.01	0	0	0.01	0.01	0.01	0.01	0.01	0	0.01	0	0.01	0	0.01	0	0.01	0	0	0
Vampirovibrionales_norank	0	0	0	0	0	0	0	0	0	0	0	0	0	0	0	0	0	0	0	0	0
Variibacter	0.39	0.50	0.56	0.52	0.54	0.64	0.50	0.73	0.64	0.80	0.52	0.58	0.74	0.68	0.70	0.71	1.09	1.02	0.59	0.76	0.76
Variovorax	0.07	0.05	0.07	0.18	0.08	0.11	0.20	0.09	0.13	0.20	0.07	0.12	0.19	0.13	0.14	0.16	0.17	0.18	0.10	0.06	0.09
Verrucomicrobiaceae_norank	0.01	0	0	0	0	0	0	0	0.01	0.01	0	0	0	0	0	0.01	0	0	0	0	0.01
Verrucomicrobiaceae_uncultured	0.05	0.05	0.01	0.02	0.01	0.02	0.06	0.02	0.04	0.02	0.02	0.02	0.02	0.01	0.01	0.02	0.01	0.01	0.03	0.04	0.02
WCHB1-41_norank	0	0	0	0	0	0	0	0	0	0	0	0	0	0	0	0	0	0	0	0	0
WCHB1-60_norank	0.03	0.02	0.02	0.04	0.04	0.04	0.04	0.03	0.02	0.07	0.02	0.02	0.10	0.04	0.06	0.09	0.05	0.05	0.08	0.04	0.05
WD2101_soil_group_norank	0.05	0.40	0.10	0.01	0.10	0.24	0.04	0.46	0.21	0	0.15	0.04	0	0.07	0.13	0	0.10	0.06	0.01	0.28	0.20
WD272_norank	0.02	0.01	0.02	0.03	0.07	0.07	0.01	0	0	0	0.01	0.01	0	0	0.03	0.01	0.01	0.01	0.01	0	0.01
Woodsholea	0.05	0.08	0.10	0.08	0.14	0.11	0.09	0.11	0.11	0.12	0.09	0.12	0.06	0.09	0.11	0.10	0.17	0.12	0.08	0.05	0.07
Xanthobacteraceae_unclassified	2.56	3.34	4.37	4.07	6.14	5.26	3.69	4.42	4.25	5.34	3.58	3.87	3.31	3.78	3.96	2.52	4.38	4.59	2.60	4.13	3.84
Xanthobacteraceae_uncultured	0.84	0.85	1.24	1.12	1.37	1.20	0.82	1.03	0.92	1.47	0.83	1.21	1.12	1.01	1.14	0.73	1.15	1.18	0.66	0.73	0.91
Xanthomonadaceae_unclassified	0.01	0.01	0.01	0.02	0.02	0.02	0.03	0.01	0.03	0.02	0.01	0.01	0.01	0.02	0.01	0.02	0.02	0.02	0.02	0.01	0.02
Xanthomonadaceae_uncultured	0.02	0.06	0.07	0.03	0.07	0.04	0.02	0.04	0.04	0.04	0.08	0.06	0.04	0.08	0.11	0.04	0.10	0.12	0.04	0.07	0.05

续表

属	1	2	3	4	5	6	7	8	9	10	11	12	13	14	15	16	17	18	19	20	21
Xanthomonadales Incertae Sedis_uncultured	0.11	0.11	0.12	0.09	0.13	0.09	0.19	0.17	0.20	0.24	0.20	0.20	0.12	0.23	0.15	0.12	0.18	0.19	0.06	0.14	0.12
Xanthomonadales_unclassified	0	0	0	0.01	0	0.02	0.01	0	0	0	0	0	0	0.01	0.01	0.01	0.02	0.02	0.01	0	0
Xanthomonadales_uncultured	0.31	0.52	0.60	0.38	0.52	0.47	0.61	0.66	0.80	0.59	0.62	0.63	0.57	0.77	0.64	0.43	0.71	0.69	0.29	0.43	0.59
Xanthomonas	0.01	0.02	0.01	0.01	0.01	0.01	0	0.01	0.01	0.01	0	0.01	0	0	0.01	0.01	0	0.01	0.01	0.01	0.03
YNPFFP1_norank	0.05	0.05	0.04	0.02	0.04	0.02	0.02	0.02	0.02	0.04	0.04	0.05	0.04	0.06	0.03	0.02	0.04	0.05	0.04	0.04	0.05
Zymomonas	0	0	0	0	0	0	0	0	0	0	0	0	0	0.01	0.01	0.01	0.05	0.03	0.04	0.04	0.05
alpha1 cluster_norank	0.02	0.03	0.04	0.04	0.09	0.06	0.01	0.02	0.03	0.04	0.02	0.04	0	0.01	0	0.01	0.05	0.03	0.04	0.04	0.04
cvE6_norank	0	0	0.01	0	0.01	0.01	0	0	0.01	0	0	0	0.01	0	0	0	0	0	0	0	0.01
env. OPS 17_norank	0.04	0.05	0.09	0.07	0.02	0.02	0.07	0.06	0.07	0.04	0.05	0.05	0.12	0.04	0.05	0.10	0.05	0.03	0.06	0.04	0.04
mle1 – 27_norank	0	0.01	0.01	0.01	0.01	0.01	0.01	0.01	0.01	0.02	0.01	0.01	0.01	0.01	0.01	0.01	0.01	0.01	0.01	0.01	0
possible genus 04	0	0	0	0	0	0	0	0	0	0	0	0	0	0	0	0	0	0	0	0	0
vadinHA49_norank	0.01	0	0.01	0.01	0	0	0	0.01	0.01	0.01	0.01	0	0.01	0	0.01	0.01	0.01	0	0	0	0

注:1~3代表 PK 细菌相对丰度的 3 次重复;4~6代表 JM 细菌相对丰度的 3 次重复;7~9代表 PK × JM 细菌相对丰度的 3 次重复;10~12 代表 PK × JM/PK 细菌相对丰度的 3 次重复;13~15 代表 FM 细菌相对丰度的 3 次重复;16~18 代表 PK × FM 细菌相对丰度的 3 次重复;19~21 代表 PK × FM/PK 细菌相对丰度的 3 次重复。

附表 4　纯林和混交林土壤中真菌门分类水平的相对丰度值

单位：%

门	1	2	3	4	5	6	7	8	9	10	11	12	13	14	15	16	17	18	19	20	21
Ascomycota	44.77	47.22	46.03	38.86	46.11	44.30	50.05	51.34	51.48	54.31	54.54	54.69	31.13	49.07	50.50	6.11	19.25	19.91	25.07	28.94	28.01
Basidiomycota	41.80	27.57	28.36	31.70	22.25	23.24	32.29	23.48	22.80	35.51	22.52	22.80	34.23	17.84	16.76	86.05	63.23	62.98	69.64	56.36	57.02
Cercozoa	0.01	0	0	0	0.03	0.02	0	0.01	0.01	0	0.01	0.02	0	0.02	0.03	0	0.02	0	0	0.01	0
Chytridiomycota	0.09	0.17	0.21	0.01	0.24	0.22	0	0.09	0.14	0	0.23	0.11	0.01	0.27	0.24	0	0.06	0.03	0.01	0.07	0.03
Eukaryota_unclassified	0.01	0.03	0.04	0	0.01	0	0	0.03	0.01	0	0.06	0.05	0	0.01	0.01	0	0.01	0.01	0	0.03	0.03
Fungi_unclassified	2.54	4.32	3.97	13.05	9.29	9.05	5.03	6.46	6.59	2.84	7.64	6.77	30.39	16.27	16.39	6.99	10.02	.10	3.81	4.49	4.67
Glomeromycota	0	0.03	0.05	0.03	0.23	0.28	0.02	0.77	0.53	0	0.30	0.25	0	0.08	0.09	0	0.10	0.11	0	0.05	0.07
Rozellomycota	0.21	0.27	0.10	0.35	0.47	0.43	0.52	0.36	0.61	0.15	0.29	0.23	0.46	0.53	0.57	0.10	0.35	0.42	0.07	0.26	0.32
Zygomycota	10.58	20.38	21.23	15.99	21.37	22.42	12.08	17.46	17.81	7.19	14.40	15.07	3.77	15.91	15.41	0.76	6.98	6.53	1.40	9.79	9.85
Unidentified				0.01																0.03	

注：1~3 代表 PK 真菌相对丰度的 3 次重复；4~6 代表 JM 真菌相对丰度的 3 次重复；7~9 代表 PK×JM/PK 真菌相对丰度的 3 次重复；10~12 代表 PK×JM/JM 真菌相对丰度的 3 次重复；13~15 代表 FM 真菌相对丰度的 3 次重复；16~18 代表 PK×FM 真菌相对丰度的 3 次重复；19~21 代表 PK×FM/PK 真菌相对丰度的 3 次重复。

附表 5 纯林和混交林土壤中真菌纲分类水平的相对丰度值

单位:%

纲	1	2	3	4	5	6	7	8	9	10	11	12	13	14	15	16	17	18	19	20	21
Agaricomycetes	30.19	20.94	22.31	21.47	16.20	16.28	19.25	14.96	14.82	7.49	9.53	9.09	31.79	15.88	14.71	83.61	60.31	59.56	63.99	52.34	53.54
Agaricostilbomycetes	0	0	0.01	0	0	0	0	0	0	0	0	0	0	0	0	0	0	0	0	0	0
Archaeorhizomycetes	0.07	0.01	0.03	1.48	0.72	0.75	0	0	0.01	0	0	0	0.04	0.10	0.03	0.02	0.09	0.09	0.03	0.02	0
Ascomycota_unclassified	5.13	11.69	10.88	11.14	14.86	14.50	6.32	11.85	11.93	5.74	14.72	15.33	20.71	19.56	19.73	1.07	5.39	5.48	14.36	11.32	10.31
Basidiomycota_unclassified	0.10	0.07	0.15	0.18	0.16	0.22	0.55	0.94	0.80	0.16	0.21	0.23	0.09	0.14	0.08	0.48	0.57	0.75	0	0.04	0.05
Chytridiomycetes	0.09	0.17	0.20	0.01	0.24	0.22	0	0.09	0.14	0	0.23	0.11	0.01	0.27	0.23	0	0.06	0.03	0.01	0.07	0.03
Dothideomycetes	0.80	1.96	1.61	0.97	1.50	1.10	0.90	1.72	1.40	1.19	2.12	2.00	2.68	4.26	4.78	0.13	0.58	0.69	0.17	0.41	0.37
Eukaryota_unclassified	0.01	0.03	0.04	0	0.01	0	0	0.03	0.01	0	0.06	0.05	0	0.01	0.01	0	0.01	0.01	0	0.03	0.03
Eurotiomycetes	0.89	2.02	1.80	1.05	2.15	2.45	1.04	2.04	2.08	0.96	2.52	2.35	0.93	4.51	4.35	0.20	1.02	0.91	0.41	1.46	1.66
Exobasidiomycetes	0	0	0	0	0	0	0	0	0	0	0	0	0	0.01	0	0	0	0	0	0	0
Fungi_unclassified	2.54	4.32	3.97	13.05	9.29	9.05	5.03	6.46	6.59	2.84	7.64	6.77	30.39	16.27	16.39	6.99	10.02	10	3.81	4.49	4.67
Geoglossomycetes	0.02	0.04	0.02	0.08	0.24	0.20	0.03	0.06	0.01	0.02	0.02	0.04	0.01	0.14	0.08	0.01	0.03	0.05	0.01	0.02	0.02
Glomeromycetes	0	0.03	0.05	0.03	0.23	0.28	0.02	0.77	0.53	0.25	0.30	0.25	0	0.08	0.09	0	0.10	0.11	0.05	0.05	0.07
Incertae sedis	12.55	23.78	24.37	16.90	22.95	23.91	13.41	20.20	20.28	9.58	18.38	19.55	4.01	17.06	16.89	0.93	7.81	7.19	2.29	11.83	12.00
Lecanoromycetes	0.01	0.01	0.02	0.04	0.06	0.08	0	0	0	0	0.01	0.04	0	0	0.02	0.05	0.25	0.39	0.03	0.17	0.19
Leotiomycetes	27.34	12.51	13.80	12.14	11.87	11.08	9.49	10.45	10.53	35.64	16.08	15.44	1.20	6.79	5.64	3.54	5.72	6.17	6.78	6.44	6.53
Microbotryomycetes	1.34	0.99	0.73	0.51	0.51	0.80	2.63	1.39	1.52	11.06	4.78	5.53	0.13	0.15	0.32	0.05	0.25	0.18	0.40	0.78	0.68
Orbiliomycetes	0	0.01	0	0.01	0.02	0.04	0.01	0	0	0	0	0.02	0	0	0	0	0	0.01	0	0	0.01
Pezizomycetes	1.35	3.90	3.91	0.11	0.46	0.38	0.07	0.30	0.24	0.07	0.28	0.35	0.06	0.23	0.12	0.08	1.02	0.76	0.52	1.50	1.55
Pucciniomycetes	0	0	0	0	0	0.01	0	0	0	0	0.01	0.04	0	0.02	0	0	0.01	0	0	0	0
Saccharomycetes	0.01	0	0	0	0.01	0.02	0.05	0.05	0.06	0	0	0	0	0.01	0.01	0.01	0.01	0	0	0	0
Sordariomycetes	7.19	11.65	10.80	10.94	12.64	12.24	30.82	22.16	22.73	8.29	14.78	14.65	5.26	12.28	14.29	0.84	4.28	4.70	1.86	5.56	5.21

续表

纲	1	2	3	4	5	6	7	8	9	10	11	12	13	14	15	16	17	18	19	20	21
Taphrinomycetes	0	0.02	0	0	0	0	0	0	0.03	0	0	0	0.01	0.04	0	0.01	0.03	0	0	0.01	0.02
Tremellomycetes	10.09	5.55	5.16	9.52	5.35	5.93	9.79	6.05	5.58	16.17	7.57	7.47	2.20	1.65	1.61	1.89	2.10	2.50	5.24	3.19	2.72
Ustilaginomycetes	0	0	0	0	0	0	0	0	0	0	0	0	0	0	0	0	0	0	0	0	0
Wallemiomycetes	0.05	0.02	0	0	0.02	0	0.05	0.13	0.09	0.63	0.43	0.44	0.02	0	0.01	0	0	0	0.01	0	0.03
unidentified	0.22	0.27	0.10	0.35	0.50	0.48	0.52	0.38	0.62	0.15	0.31	0.25	0.46	0.55	0.61	0.10	0.36	0.42	0.07	0.26	0.32

注:1~3 代表 PK 真菌相对丰度的 3 次重复;4~6 代表 JM 真菌相对丰度的 3 次重复;7~9 代表 PK×JM/JM 真菌相对丰度的 3 次重复;10~12 代表 PK×JM/PK 真菌相对丰度的 3 次重复;13~15 代表 FM 真菌相对丰度的 3 次重复;16~18 代表 PK×FM/FM 真菌相对丰度的 3 次重复;19~21 代表 PK×FM/PK 真菌相对丰度的 3 次重复。

附表 6　纯林和混交林土壤中真菌属分类水平的相对丰度值

单位:%

属	1	2	3	4	5	6	7	8	9	10	11	12	13	14	15	16	17	18	19	20	21
Acremonium	0.19	0.73	0.71	0.06	0.29	0.20	0.18	0.34	0.50	0.10	0.20	0.23	0.02	0.41	0.26	0	0.09	0.06	0	0.06	0.05
Acrodontium	0.16	1.02	1.03	0	0	0	0.13	0.52	0.57	0.15	1.12	1.19	0	0	0	0.02	0.34	0.24	0.06	0.95	0.99
Adisciso	0	0	0	0	0	0	0	0.01	0	0.01	0	0.01	0	0.03	0	0.02	0.02	0.04	0	0	0.01
Agaricaceae_unclassified	0	0	0.01	0.11	0.14	0.09	0.09	0.09	0.22	0.03	0.10	0.08	0.03	0.19	0.23	0	0	0	0	0	0.02
Agaricales_unclassified	0.35	0.49	0.76	10.28	9.10	9.90	0.89	1.47	1.47	0.66	0.92	0.87	0.33	0.99	0.79	0.13	0.78	0.63	0.01	0.14	0.12
Agaricomycetes_unclassified	0.09	0.10	0.13	0.37	0.30	0.41	0.06	0.16	0.08	0.13	0.27	0.08	0.05	0.14	0.13	0.02	0.07	0.04	0.20	0.33	0.32
Agrocybe	0.01	0.01	0	0.04	0.06	0.02	0.03	0.04	0.07	0.01	0.07	0.05	0.07	0.51	0.51	0	0.02	0	0.20	0.52	0.62
Alatospora	0.04	0.06	0.05	0.01	0.05	0.04	0.06	0.11	0.10	0.14	0.16	0.14	0.03	0.13	0.11	0.02	0.06	0.08	0.01	0.06	0.09
Albertiniella	0	0	0	0	0.01	0.01	0	0	0	0	0	0	0	0	0	0	0	0	0	0	0
Aleuria	0	0	0	0	0	0	0.02	0	0	0	0	0	0	0	0	0	0.01	0	0	0	0
Alnicola	0	0	0	0	0	0.01	0	0	0	0	0.05	0.01	0.02	0	0.06	0	0.01	0	0	0	0
Alternaria	0.05	0.03	0.02	0.02	0.04	0	0.01	0.01	0	0.01	0	0	0	0	0	0	0	0	0	0.06	0.01
Amanita	0	0	0.03	0	0.03	0.05	0	0.01	0.01	0	0	0.02	0.02	0	0	0	2.38	2.45	0	0	0
Ambispora	0	0	0	0.02	0	0	0	0	0	0	0	0	0	0	0	0	0	0	0	0	0
Amphinema	1.64	2.03	2.26	0.02	0	0	0.43	0.47	0.55	0.25	0.49	0.65	0	0	0	12.59	14.15	13.99	3.91	4.30	4.54
Antarctomyces	0	0	0	0	0	0	0.02	0.11	0.02	0.03	0.06	0.11	0	0	0	0	0	0	0	0	0
Antrodiella	0	0	0	0	0	0	0	0	0	0	0	0	0	0	0	0.05	0.06	0.08	0	0	0.02
Apodus	0.06	0.11	0.08	0.18	0.17	0.15	0.31	0.34	0.44	0.08	0.15	0.17	0.05	0.12	0.09	0	0.01	0.01	0.03	0.09	0.08
Archaeorhizomyces	0.07	0.01	0.03	1.48	0.72	0.75	0	0	0.01	0.01	0.03	0.04	0.04	0.10	0.03	0.02	0.09	0.09	0.03	0.02	0
Armillaria	0.02	0.03	0.05	0	0.02	0.03	0.03	0.06	0.10	0.01	0.03	0.04	0	0.07	0.01	0	0	0	0	0.01	0.02
Arthrinium	0	0	0	0	0	0	0	0	0	0	0	0	0	0	0.01	0	0	0	0	0	0
Arthrobotrys	0	0	0	0.01	0.01	0.03	0.01	0	0	0	0	0.02	0	0	0	0	0	0.01	0	0	0

续表

属	1	2	3	4	5	6	7	8	9	10	11	12	13	14	15	16	17	18	19	20	21
Arthrocatena	0.05	0.19	0.11	0.02	0.04	0.02	0.01	0	0.04	0.02	0.02	0.03	0.06	0.17	0.19	0	0.05	0.04	0.04	0.10	0.15
Artomyces	0	0	0	0	0	0	0	0	0	0	0	0	0	0	0	0	0	0	0	0	0
Ascobolaceae_unclassified	0	0	0	0	0	0	0	0	0	0	0	0.01	0	0	0	0	0	0.01	0	0.02	0.03
Ascobolus	0.01	0.04	0.08	0	0.11	0.08	0	0.11	0.13	0	0.12	0.06	0	0.03	0	0	0.03	0.01	0	0.02	0.03
Ascomycota_unclassified	5.13	11.69	10.88	11.14	14.86	14.50	6.32	11.85	11.93	5.74	14.72	15.33	20.71	19.56	19.73	1.07	5.39	5.48	14.36	11.32	10.31
Aspergillus	0	0	0	0	0	0	0.03	0	0	0	0	0.01	0	0	0	0	0	0	0.01	0	0
Athelopsis	0	0.02	0.01	0.01	0.09	0.07	0	0	0	0	0	0	0	0	0	0.01	0	0.01	0	0	0
Auricularia	0	0	0	0	0	0	0	0.04	0	0	0	0	0	0	0	0	0	0	0	0	0
Auriculariales_unclassified	0.02	0	0	0	0	0	0	0	0	0.12	0.05	0.05	0	0	0	0	0	0	0	0	0
Auxarthron	0	0.01	0.02	0	0	0	0	0	0.01	0	0.02	0	0	0	0	0	0	0	0	0	0
Basidiobolus	0.01	0.16	0.02	0	0	0	0.01	0.12	0.07	0	0	0	0.06	0.07	0.17	0	0	0	0	0	0
Basidiomycota_unclassified	0.10	0.07	0.15	0.18	0.16	0.22	0.55	0.94	0.80	0.16	0.21	0.23	0.09	0.14	0.08	0.48	0.57	0.75	0.04	0.04	0.05
Beauveria	0.01	0	0	0.01	0.01	0.02	0.01	0.05	0.04	0	0.01	0.01	0.01	0.03	0.02	0	0.02	0.02	0.04	0.04	0.02
Bionectriaceae_unclassified	0.03	0.15	0.17	0.01	0.04	0.09	0.02	0.15	0.10	0.06	0.06	0.02	0	0.08	0.03	0	0.01	0.03	0.07	0.07	0.11
Bipolaris	0	0	0	0	0	0	0	0	0	0	0	0	0	0	0	0	0	0	0	0	0
Bjerkandera	0	0	0	0	0	0	0	0	0	0	0	0	0	0.02	0.02	0	0	0	0	0	0.01
Blumeria	0	0	0	0	0	0	0.01	0	0	0	0	0	0.04	0	0	0	0	0	0	0	0
Boeremia	0	0	0	0.05	0.03	0.04	0.02	0.03	0.01	0.01	0.02	0.01	0.14	0.24	0.24	0	0.01	0	0	0	0
Bolbitius	0	0	0	0	0	0	0	0	0	0.05	0	0	0	0	0	0	0	0	0	0	0
Brevicellicium	0	0	0	0	0	0	0	0	0.02	0	0	0	0	0	0	0	0	0	0	0	0
Bulleromyces	0	0	0	0	0	0	0	0	0	0	0	0	0	0	0	0	0	0	0	0	0
Cadophora	0.01	0.01	0.02	0.01	0.01	0.03	0.01	0.01	0.01	0.01	0.01	0.01	0.01	0.03	0.03	0	0.08	0.04	0	0.01	0

续表

属	1	2	3	4	5	6	7	8	9	10	11	12	13	14	15	16	17	18	19	20	21
Camarosporium	0	0	0	0	0	0	0	0	0	0	0	0	0	0	0	0	0	0	0	0	0.01
Candida	0.01	0	0	0.01	0	0	0.05	0	0.03	0	0	0	0.01	0.01	0.01	0.01	0	0	0	0	0
Cantharellales_unclassified	0	0.02	0.01	0	0	0	0	0	0	0	0	0	0	0	0.01	0.01	0	0	0	0	0
Capnobotryella	0	0	0	0	0	0	0	0	0	0	0.02	0	0	0	0	0	0	0.02	0	0	0
Capnodiales_unclassified	0	0	0	0	0	0	0	0	0	0	0	0	0	0	0.03	0	0.01	0.01	0.01	0	0.01
Capronia	0	0	0.02	0.01	0.02	0.03	0.01	0.02	0.11	0	0	0.01	0	0.04	0	0	0.01	0	0	0.01	0.03
Carpoligna	0	0	0	0.01	0	0	0	0	0	0	0	0	0	0	0	0	0	0	0	0.03	0
Cenococcum	0	0	0	0	0	0	0	0	0	0	0	0	0	0	0	0	0	0.01	0	0	0.01
Cephalosporium	0	0.02	0	0.01	0.02	0.04	0.18	0.32	0.17	0.03	0.03	0.08	0.02	0.03	0.01	0	0	0	0	0	0
Ceratobasidiaceae_unclassified	0	0	0	0.01	0.01	0.02	0	0	0	0	0	0	0	0	0	0	0	0	0	0	0
Ceratobasidium	1.35	0.83	0.98	0.38	0.27	0.33	0.89	0.63	0.39	0.70	0.31	0.34	1.15	0.60	0.74	0.21	0.37	0.31	0.35	0.40	0.38
Cercophora	0	0	0	0	0	0	0	0	0	0	0	0	0	0	0	0.03	0.01	0.10	0	0	0
Chaetomiaceae_unclassified	0	0	0	0.01	0.01	0.01	0	0.04	0.03	0	0	0.01	0.02	0.09	0.07	0	0	0	0	0.03	0.03
Chaetomidium	0	0	0.01	0	0.06	0.06	0	0.01	0.01	0	0.03	0.01	0.01	0	0.09	0	0.02	0.03	0	0.01	0
Chaetomium	0.20	0.50	0.45	0.28	0.64	0.57	0.21	0.33	0.51	0.05	0.41	0.15	0.08	0.49	0.68	0.01	0.07	0.01	0.05	0.18	0.12
Chaetosphaeria	0.01	0.07	0.03	0.04	0.04	0.07	0.03	0.13	0.07	0	0.04	0.03	0	0.07	0	0.01	0.07	0.11	0.01	0.04	0.01
Chaetosphaeriaceae_unclassified	0	0	0	0	0	0	0	0	0	0	0	0	0	0	0	0	0.08	0.06	0	0	0
Chaetothyriales_unclassified	0	0	0.01	0	0.02	0.02	0	0	0	0	0	0	0	0.01	0.01	0	0.03	0	0	0.01	0
Chalara	0.05	0.16	0.07	0.03	0.12	0.11	0.15	0.37	0.34	0.06	0.12	0.23	0.04	0.29	0.11	0.01	0.11	0.07	0.02	0.09	0.10
Cheilymenia	0.03	0.10	0.07	0.06	0.15	0.08	0.01	0.01	0.01	0	0	0	0	0	0	0	0	0	0	0	0
Chionosphaeraceae_unclassified	0	0	0	0.01	0	0.01	0.01	0.02	0.02	0	0.01	0	0	0	0	0	0	0	0	0	0
Chloridium	0	0	0	0	0	0	0	0	0	0	0	0	0	0	0	0	0	0	0	0	0

续表

属	1	2	3	4	5	6	7	8	9	10	11	12	13	14	15	16	17	18	19	20	21
Chrysosporium	0	0	0	0	0	0	0	0.02	0	0	0	0	0	0	0	0	0	0	0	0	0
Chytridiomycetes_unclassified	0	0	0	0	0	0	0	0.01	0	0	0	0	0	0.01	0	0	0	0	0	0	0
Cistella	0.04	0.03	0.04	0.04	0.06	0.10	0.08	0.17	0.30	0.13	0.36	0.36	0.07	0.26	0.19	0.03	0.12	0.20	0.06	0.16	0.20
Cladobotryum	0	0	0.01	0	0	0.01	0	0	0	0	0	0	0	0	0	0	0	0	0	0.07	0.07
Cladophialophora	0.02	0.10	0.09	0.25	0.19	0.27	0.22	0.16	0.32	0.19	0.39	0.29	0.08	0.41	0.26	0.01	0.10	0.07	0.04	0.17	0.20
Cladorrhinum	0.03	0.05	0.03	0.01	0.04	0.04	0	0	0	0.15	0.75	0.45	0.01	0	0	0	0.02	0.01	0	0.02	0.03
Cladosporium	0.01	0.02	0.02	0.01	0.15	0.08	0.03	0.18	0.10	0	0.06	0.14	0.01	0.30	0.36	0	0.12	0.14	0	0.02	0.01
Claroideoglomeraceae_unclassified	0	0	0	0	0.01	0.02	0	0.01	0.01	0	0	0	0	0	0	0	0.02	0.01	0	0	0
Claroideoglomus	0	0.02	0.03	0	0.04	0.01	0	0.03	0.01	0	0	0	0	0	0	0	0.02	0.02	0	0.02	0.03
Clavaria	0.07	0.10	0.12	0.05	0.15	0.08	0.04	0.06	0.09	0.05	0.09	0.17	0.01	0.06	0.05	0	0.02	0.03	0.02	0.01	0
Clavariaceae_unclassified	0.08	0.09	0.04	0.05	0.14	0.10	0.18	0.12	0.20	0.44	0.48	0.62	0.36	0.32	0.30	0	0.03	0.03	0.25	0.41	0.40
Clavariopsis	0	0	0	0	0	0	0	0	0	0	0	0	0	0	0.02	0	0	0	0	0	0
Clavatospora	0	0	0	0	0	0	0	0	0.01	0	0	0	0	0	0	0	0	0	0	0	0
Clavicipitaceae_unclassified	0	0	0	0	0	0	0.02	0.05	0.11	0.02	0.07	0.03	0	0.09	0.04	0	0	0	0	0	0
Clavulina	0	0.01	0.04	0	0	0	0	0	0	0	0	0.02	0	0	0	10.57	7.76	7.00	0.83	1.53	1.57
Clavulinopsis	0	0	0	0	0	0	0	0	0	0	0.02	0	0.09	0.04	0.15	0	0	0	0	0	0
Clitocybe	0	0	0	0	0	0	0	0	0	0	0	0	0	0	0	0	0	0	0	0	0
Clitopilus	0	0	0	0	0	0.01	0.01	0.03	0.03	0	0.01	0	0	0	0	0	0.01	0	0	0	0
Clonostachys	0	0	0	0	0	0.02	0.20	0.38	0.37	0	0	0.03	0	0	0	0	0	0	0	0	0
Colletotrichum	0	0	0.02	0	0	0	0.03	0.03	0	0	0.03	0.03	0	0	0.01	0	0	0	0	0	0
Coniocessia	0	0	0	0	0	0	0	0	0.02	0	0	0	0	0	0	0	0	0	0	0	0
Coniochaeta	0.09	0.12	0.06	0.01	0.02	0.02	0.16	0.15	0.14	0.95	1.26	1.08	0	0	0	0.06	0.29	0.24	0.18	0.29	0.21

续表

属	1	2	3	4	5	6	7	8	9	10	11	12	13	14	15	16	17	18	19	20	21
Coniochaetaceae_unclassified	0.04	0.02	0.03	0.07	0.13	0.13	0.03	0.10	0.05	0.14	0.29	0.32	0.03	0.23	0.16	0.01	0.03	0.07	0	0.06	0.08
Coniochaetales_unclassified	0	0	0	0	0.01	0.02	0	0.06	0.02	0	0	0	0	0.18	0.29	0	0.09	0.04	0	0.04	0.02
Coniothyrium	0	0	0	0	0	0	0	0	0	0	0	0	0.02	0.03	0.04	0	0	0	0	0	0
Conocybe	0.10	0.46	0.44	0	0.03	0.03	0.09	0.55	0.47	0	0	0	0	0	0	0.01	0.19	0.20	0	0	0
Coprinellus	0	0.01	0.02	0.01	0.03	0.01	0.01	0.03	0.05	0.03	0	0.05	0	0.02	0.07	0.01	0.04	0.04	0	0	0.01
Coprinopsis	0	0.01	0.03	0	0.01	0	0.03	0.03	0.02	0.02	0.02	0.02	0.01	0.06	0.04	0	0.01	0	0	0.01	0
Cordana	0.01	0.02	0.02	0.07	0.39	0.43	0.04	0.04	0.14	0.05	0.05	0.09	0.02	0.27	0.31	0	0.01	0.01	0	0	0
Cordyceps	0.01	0.02	0.01	0.04	0.03	0.05	0.04	0	0.04	0.01	0.01	0	0	0	0	0.01	0.03	0.12	0	0	0
Cordycipitaceae_unclassified	0	0.01	0	0	0	0.01	0.01	0.07	0.03	0.01	0.05	0.01	0.06	0.01	0	0.02	0.02	0.01	0	0	0
Cortinarius	0.22	0.68	0.58	0.12	0.19	0.19	0.16	0.08	0.07	0.04	0.15	0.15	0.06	0.22	0.23	0.03	0.12	0.10	1.05	2.02	2.03
Corynespora	0	0	0.03	0	0.03	0.01	0.04	0.01	0.02	0	0.01	0.01	0.07	0.07	0.10	0	0	0	0	0	0
Cosmospora	0	0	0	0.01	0.05	0.02	0.01	0.12	0.15	0.03	0.11	0.09	0.03	0.21	0.18	0	0	0	0	0	0
Crepidotus	0	0	0	0	0	0.01	0	0	0	0	0	0	0	0	0	0	0	0	0	0	0
Crocicreas	0.02	0	0.01	0	0	0	0	0	0	0.01	0	0.03	0	0	0	0	0	0	0	0	0
Cryptococcus	7.72	5.39	5.07	4.09	3.09	2.82	3.24	3.84	3.37	12.89	6.99	6.79	0.27	0.76	0.65	1.33	1.98	2.33	3.95	3.11	2.60
Cryptosporiopsis	0.01	0	0.03	0	0	0	0	0	0	0.02	0.02	0.07	0.07	0	0	0	0	0	0	0	0
Cuphophyllus	0	0	0	0	0	0	0	0	0	0	0	0	0	0.01	0	0	0.02	0	0	0	0.02
Cybertlindnera	0	0	0	0	0	0	0	0.05	0.01	0.01	0	0	0	0	0	0.01	0	0	0	0	0
Cylindrocarpon	0.49	0.76	0.52	0.37	0.44	0.53	0.09	0.29	0.35	0.10	0.27	0.25	0.11	0.43	0.43	0.03	0.12	0.14	0.04	0.12	0.13
Cylindrocladiella	0	0	0	0	0	0	0	0.06	0	0	0	0.02	0.02	0	0	0.01	0.03	0.08	0.01	0.01	0
Cyphellophora	0	0.01	0.01	0.01	0.01	0.11	0.11	0.27	0.11	0.03	0.08	0.11	0.04	0.18	0.08	0.01	0.01	0.01	0.01	0	0.01
Cystodendron	0.89	0.32	0.37	0.03	0.01	0.01	0	0.03	0.02	0	0.05	0	0.03	0.08	0.05	0.07	0.04	0.06	0.08	0.14	0.15

续表

属	1	2	3	4	5	6	7	8	9	10	11	12	13	14	15	16	17	18	19	20	21
Cystofilobasidiaceae_unclassified	0	0	0	3.67	1.93	2.83	1.54	1.26	1.24	0.23	0.13	0.12	0.03	0.01	0.17	0	0	0	0	0	0
Cystofilobasidiales_unclassified	0	0	0	0	0	0	0	0	0	0	0	0	0	0	0	0	0	0	0	0	0
Cystofilobasidium	0.03	0.02	0.02	0	0	0.02	0	0.03	0	0	0	0	0.01	0	0	0	0	0	0	0	0.01
Dactylellina	0	0	0	0	0	0	0	0	0	0	0	0	0	0	0	0	0	0	0	0	0
Daedaleopsis	0	0	0	0.01	0	0	0	0	0	0	0	0	0	0	0	0	0	0	0	0	0
Daldinia	0.02	0.02	0.02	0	0.01	0.01	0.03	0.03	0.04	0.01	0.03	0.02	0.01	0.04	0.04	0.01	0	0	0	0.02	0.01
Datronia	0	0	0	0	0	0	0	0	0	0	0.01	0	0	0	0	0	0	0	0	0	0
Davidiellaceae_unclassified	0	0.01	0	0	0	0	0	0	0	0	0	0	0	0	0	0	0	0	0	0	0
Dendryphion	0	0.01	0	0.05	0.09	0.07	0.08	0.13	0.19	0.04	0.05	0.03	0	0.05	0.07	0	0.02	0	0	0.01	0
Dermateaceae_unclassified	0.01	0	0	0.01	0	0	0.04	0	0	0	0	0	0	0	0.01	0.01	0.01	0.02	0	0	0.02
Devriesia	0	0	0.01	0	0	0	0	0	0	0	0	0.05	0	0	0	0	0.04	0.05	0.01	0.01	0.02
Diaporthales_unclassified	0	0	0	0	0	0	0	0	0.01	0	0	0	0	0	0	0	0	0	0	0	0
Diatrypaceae_unclassified	0	0	0	0	0	0	0	0	0	0	0	0	0	0	0	0	0	0	0	0	0
Diatrypella	0	0	0	0	0	0	0	0	0	0	0	0	0	0	0	0	0	0	0	0	0
Dictyochaeta	0	0	0	0	0	0	0	0	0	0	0	0	0	0	0	0	0.01	0	0	0	0.02
Didymosphaeria	0	0.02	0.03	0.01	0.08	0.12	0.01	0.03	0.02	0	0.04	0.01	0	0	0	0	0	0	0	0	0
Dioszegia	0	0	0	0	0	0.02	0	0	0.01	0	0	0	0	0	0	0	0	0	0	0	0
Diversispora	0	0	0	0	0.01	0	0	0	0	0	0	0	0	0	0	0	0	0	0	0	0.01
Doratomyces	0	0	0	0.01	0.01	0.06	0.01	0	0.01	0.02	0.01	0.02	0.01	0.02	0.01	0.01	0.03	0.06	0.01	0.01	0
Dothidea	0	0	0	0	0	0	0	0	0	0	0.01	0	0	0	0	0	0	0	0	0	0
Dothideales_unclassified	0	0	0	0.01	0.02	0	0.02	0.02	0.02	0	0	0.10	0.10	0.25	0.26	0	0	0	0	0	0
Dothideomycetes_unclassified	0	0	0	0.01	0.02	0	0	0.02	0.02	0	0	0	0.10	0.25	0.26	0	0	0	0	0	0

续表

属	1	2	3	4	5	6	7	8	9	10	11	12	13	14	15	16	17	18	19	20	21
Dothioraceae_unclassified	0	0	0	0	0	0	0	0	0	0	0	0	0	0	0	0	0	0	0	0	0
Duportella	0	0	0	0	0	0.01	0	0	0	0	0	0	0	0	0	0	0	0	0	0	0
Elaphocordyceps	0	0	0	0	0	0	0	0	0	0	0	0	0	0	0	0	0	0	0.01	0.01	0
Elaphomyces	0	0	0	0	0	0.02	0	0.01	0	0	0	0	0	0	0	0	0	0	0	0	0
Endoconidioma	0	0	0	0	0	0	0	0	0	0	0	0	0	0	0	0	0	0	0.06	0.22	0.30
Entoloma	0.17	0.44	0.34	0.06	0.12	0.26	0.21	0.37	0.43	0.09	0.29	0.23	0.03	0.41	0.29	0.01	0.08	0.06	7.11	7.52	7.15
Entolomataceae_unclassified	0	0	0	0	0	0	0	0	0	0	0	0	0	0	0	0	0.03	0.01	0.01	0.01	0
Eocronartium	0.06	0	0	0	0	0	0	0	0	0	0	0.04	0	0	0	0	0	0	0	0.01	0.01
Epicoccum	0	0.02	0.02	0.04	0.09	0.04	0.01	0	0	0	0	0	0	0.02	0	0.01	0.04	0.03	0	0.04	0
Epulorhiza	0	0	0	0	0	0	0	0	0	0.01	0	0	0	0	0.01	0	0	0	0	0	0
Erysiphe	0	0	0	0	0	0	0	0	0	0	0	0	0	0	0	0	0.01	0.01	0	0	0
Eukaryota_unclassified	0.01	0.03	0.04	0	0.01	0	0	0.03	0.01	0	0.06	0	0	0.01	0.01	0	0.01	0.01	0.03	0.03	0.03
Eurotiomycetes_unclassified	0	0	0	0.02	0	0.01	0	0.02	0.02	0	0	0.05	0.08	0.24	0.29	0.01	0.03	0.01	0.01	0.01	0
Exidia	0.01	0	0	0	0	0	0	0	0	0	0	0	0	0.02	0	0	0	0	0	0	0
Exophiala	0.28	0.70	0.56	0.24	0.81	0.76	0.26	0.26	0.53	0.41	0.89	0.75	0.34	1.20	1.33	0.04	0.21	0.19	0.07	0.41	0.41
Fibulorhizoctonia	0	0	0	0	0.03	0.02	0	0	0	0	0	0	0	0	0	0	0	0	0	0	0
Filobasidium	0	0	0	0.01	0	0	0	0	0	0.01	0	0	0	0	0	0.01	0	0	0	0	0
Flammulina	0.01	0.01	0	0	0	0	0	0	0	0	0.01	0	0	0	0	0	0	0	0	0	0
Fomitopsidaceae_unclassified	0	0	0	0	0	0	0	0	0	0	0	0	0	0	0.01	0	0	0	0	0	0
Fungi_unclassified	2.54	4.32	3.97	13.05	9.29	9.05	5.03	6.46	6.59	2.84	7.64	6.77	30.39	16.27	16.39	6.99	10.02	10	3.81	4.49	4.67
Fusarium	0.01	0.09	0.01	0.12	0.17	0.08	0.06	0.06	0.05	0.01	0.09	0.10	0.07	0.14	0.15	0	0	0.04	0	0	0.04
Fusicolla	0	0	0	0	0.03	0.01	0.01	0.01	0	0	0.01	0	0	0	0	0	0.01	0	0	0.04	0.02

续表

属	1	2	3	4	5	6	7	8	9	10	11	12	13	14	15	16	17	18	19	20	21
Galerina	0	0	0	0	0	0	0	0	0	0	0	0.01	0	0	0	0	0	0	0	0	0
Gamsylella	0	0	0	0	0	0.01	0	0	0	0	0	0	0	0	0	0	0	0	0	0	0
Ganoderma	3.72	1.68	1.58	6.48	2.02	1.52	6.08	1.66	1.99	3.21	1.18	1.21	2.21	1.46	1.60	0.36	0.54	0.43	0.65	0.32	0.39
Geastraceae_unclassified	0.01	0.01	0	0	0	0	0	0	0.01	0.01	0	0	0	0	0	0	0	0	0	0	0
Geastrum	0	0	0	0	0	0	0	0	0.01	0	0.01	0	0	0	0	0	0	0	0	0	0
Geminibasidium	0.05	0.02	0	0	0.02	0	0.05	0.13	0.09	0.62	0.43	0.44	0	0	0.01	0	0	0	0.01	0	0.03
Genabea	0	0	0.01	0.01	0	0.01	0	0	0	0	0	0	0	0	0	0	0	0.04	0.20	0.18	0.11
Genea	0	0.01	0.01	0	0	0.02	0	0.06	0.02	0	0.01	0.02	0	0	0	0	0.05	0	0	0	0
Geoglossum	0.02	0.04	0.02	0.08	0.20	0.17	0.03	0.06	0.01	0.02	0.02	0.04	0.01	0.14	0.08	0.01	0.03	0.05	0.01	0.02	0.02
Geomyces	0.22	0.25	0.40	0.23	0.15	0.11	0.05	0.19	0.27	0	0.07	0.09	0.04	0.28	0.18	0.01	0.21	0.14	0.01	0.17	0.20
Geopora	0.01	0	0.01	0	0	0	0	0	0	0	0	0	0	0	0	0	0	0	0	0	0
Geosmithia	0	0	0	0	0.01	0	0	0	0	0	0	0	0	0	0	0	0	0	0	0	0
Gibberella	0	0	0	0.01	0	0	0.05	0.02	0	0	0	0	0	0	0	0	0	0	0	0	0
Gliomastix	0	0	0	0	0	0	0	0.02	0.02	0.01	0.02	0	0.01	0	0	0	0	0	0	0	0
Gliophorus	0	0	0	0	0.02	0	0	0	0	0	0	0	0	0	0	0	0	0	0	0	0
Glomeraceae_unclassified	0	0	0.01	0	0.01	0.02	0	0.14	0.14	0	0.04	0.02	0	0.02	0.05	0	0	0	0	0.01	0.01
Glomerales_unclassified	0	0	0	0	0	0	0	0	0	0	0	0	0	0.01	0	0	0	0.01	0	0	0
Glomeromycetes_unclassified	0	0.01	0	0	0	0.01	0	0	0	0	0.01	0.01	0	0	0	0	0	0	0	0	0
Glomus	0	0	0	0.01	0.10	0.06	0.02	0.46	0.26	0	0.18	0.17	0	0.03	0.03	0	0.06	0.06	0.01	0.01	0.03
Graphium	0	0	0	0	0	0.01	0	0	0.01	0.06	0.01	0.01	0	0	0	0.01	0	0	0.01	0.01	0
Guehomyces	0.05	0.02	0.03	0	0.01	0	0.27	0.09	0.18	0.18	0.13	0.13	0.04	0	0.04	0.01	0	0.02	0.02	0.01	0.01
Gymnascella	0	0	0	0	0	0	0	0	0	0	0.01	0.01	0	0	0	0	0	0	0	0	0

续表

属	1	2	3	4	5	6	7	8	9	10	11	12	13	14	15	16	17	18	19	20	21
Gymnopilus	0	0	0	0	0	0.01	0	0	0.01	0	0	0	0	0	0	0	0	0.01	0	0	0.01
Hannaella	0	0	0	0	0	0	0	0	0	0	0	0	0	0	0.03	0	0	0.01	0	0	0
Hansfordia	0	0	0	0	0	0	0	0	0.02	0	0	0	0	0	0	0	0	0	0	0	0
Hebeloma	0	0	0	0.01	0.01	0.01	0	0	0	0.01	0.01	0.01	0.02	0.07	0.11	0	0.03	0.01	0.02	0.03	0.02
Helicobasidium	0	0	0	0.01	0	0.01	0	0	0.01	0.01	0	0	0	0	0	0	0	0	0	0	0
Heliotaceae_unclassified	0	0	0	0	0	0	0	0	0	0	0	0	0.03	0.03	0.04	0	0	0	0	0	0
Helotiales_unclassified	0.72	0.87	0.79	1.06	1.11	0.89	1.68	1.47	1.49	0.94	0.95	0.78	0.30	0.68	0.42	0.31	0.65	0.53	0.14	0.34	0.34
Helvella	0	0	0	0	0	0	0	0	0	0	0	0	0	0	0.03	0	0.05	0.03	0.02	0.02	0.04
Helvellosebacina	0.02	0	0	0	0	0	0	0	0	0	0	0	12.44	4.23	3.45	0.87	1.24	1.02	0.91	2.24	2.27
Herpotrichiellaceae_unclassified	0.05	0.18	0.07	0.05	0.05	0.08	0.03	0.10	0.02	0.02	0.05	0.05	0.02	0.06	0.04	0	0	0.01	0.03	0.03	0.01
Hirsuella	0	0	0	0.02	0.03	0.04	0.01	0.08	0.02	0.02	0.01	0.01	0	0	0	0	0	0.01	0.01	0	0
Holwaya	0	0.01	0	0	0	0	0.04	0	0.02	0	0	0.01	0	0	0	0	0	0	0	0	0
Humaria	0	0	0	0	0	0	0.01	0.05	0.02	0	0	0.02	0	0	0	0	0	0	0	0	0
Humicola	0.11	0.74	0.38	0.11	0.46	0.37	0.63	1.24	1.59	0.17	0.69	0.84	0.03	0.19	0.26	0.01	0.06	0.08	0.04	0.15	0.24
Hydnobolites	0	0	0	0.01	0.01	0	0	0	0	0.03	0.01	0	0	0	0.01	0.01	0.10	0.10	0	0.01	0.01
Hydnum	0	0	0	0	0	0	0	0.02	0	0	0.01	0.01	0	0	0	0	0	0	0	0	0
Hygrocybe	0.02	0.01	0.03	0.01	0.05	0.03	0.01	0	0.03	0.01	0.01	0.09	0.01	0.04	0	0	0	0	0	0	0
Hygrophorus	0	0.01	0.03	0.01	0.01	0.01	0.03	0.05	0.02	0	0	0	0	0	0.07	0	0	0	0	0.01	0.02
Hymenogaster	1.05	1.77	1.88	0.16	0.18	0.19	0.03	0.09	0.08	0.03	0.06	0.05	0.05	0.10	0.16	0.11	0.42	0.37	0.22	0.57	0.73
Hymenoscyphus	0.03	0	0.01	0	0	0	0.02	0.02	0.02	0.03	0.03	0.09	0.01	0	0.07	0	0	0	0	0.01	0.02
Hymenula	0	0	0	0	0	0	0.02	0.01	0.01	0.14	0.16	0	0	0	0	0	0	0	0	0	0
Hyphoderma	0	0	0.01	0	0	0	0.02	0.01	0.01	0	0	0.09	0	0	0	0	0	0	0	0	0

续表

属	1	2	3	4	5	6	7	8	9	10	11	12	13	14	15	16	17	18	19	20	21
Hyphodontia	0	0.01	0	0	0	0	0	0	0	0.01	0	0	0	0	0	0	0	0	0	0	0
Hypholoma	0	0	0	0	0	0	0	0	0	0	0	0	0	0	0	0	0	0	0	0	0
Hypochnicium	0	0	0	0	0	0	0.01	0.01	0	0	0	0.02	0	0.01	0	0	0	0.01	0	0	0
Hypocrea	0.01	0.05	0.17	0	0.06	0.06	0.01	0.12	0.04	0.01	0.23	0.27	0.02	0.23	0.11	0.01	0.20	0.16	0.01	0.16	0.13
Hypocreaceae_unclassified	0.04	0.06	0.17	0.02	0.15	0.09	0.01	0.12	0.12	0.01	0	0.05	0.01	0.18	0.11	0	0.01	0.02	0	0.04	0.01
Hypocreales_unclassified	0.55	0.76	0.47	0.58	0.78	0.74	1.21	1.42	1.19	0.50	0.89	0.99	0.67	1.02	1.34	0.11	0.57	0.42	0.05	0.27	0.30
Hypomyces	0	0	0	0	0	0.01	0	0.03	0.01	0.01	0.07	0.03	0	0	0	0	0.03	0.01	0	0	0
Hypoxylon	0	0	0	0.01	0.01	0.01	0	0.02	0.03	0.01	0.01	0.04	0	0	0	0	0.01	0.02	0	0	0.01
Ilyonectria	1.63	1.58	1.75	3.14	1.27	1.24	3.12	1.51	1.76	1.13	1.02	1.02	1.77	0.81	1.07	0.08	0.22	0.37	0.15	0.58	0.51
Incertae sedis_unclassified	0.03	0.23	0.11	0.40	0.51	0.61	0.25	0.53	0.50	0.20	0.28	0.21	0.14	0.64	0.47	0.05	0.16	0.14	0.07	0.28	0.34
Inocybe	9.47	6.41	6.71	0.01	0	0.01	4.98	5.65	5.15	0.15	0.84	0.77	0.01	0.07	0.04	1.79	5.40	5.12	24.78	19.36	20.17
Irpex	0	0	0	0	0	0.01	0	0	0	0	0	0	0	0	0	0	0	0	0	0	0
Isaria	0.01	0	0	0	0	0.05	0	0	0	0	0	0	0	0	0	0	0	0	0	0	0
Itersonilia	0	0	0	0.01	0.02	0.01	0	0	0	0	0	0	0	0	0	0	0	0	0	0	0
Junghuhnia	0	0	0	0	0	0.01	0	0	0	0	0	0	0	0	0	0	0	0	0	0	0
Kickxellales_unclassified	0	0.15	0.15	0	0	0	0	0.06	0.04	0	0.03	0.03	0	0.04	0.03	0	0.03	0	0	0.02	0.03
Kretzschmaria	0	0	0	0	0	0	0	0.03	0.03	0	0	0	0	0	0	0	0	0	0	0	0
Kuehneromyces	0	0	0.02	0	0	0	0.01	0.02	0	0	0.01	0	0	0.02	0.02	0	0	0.01	0	0	0
Kurtzmanomyces	0	0	0	0	0	0	0	0	0	0	0	0.01	0	0	0	0	0	0	0	0	0
Laccaria	0.09	0.23	0.32	0.02	0.10	0.08	0.01	0.03	0.04	0	0	0	0.02	0.10	0.11	0.03	0.25	0.23	0.12	0.75	0.58
Lachnum	0.03	0.01	0.03	0.02	0	0	0	0	0	0	0	0.01	0	0	0	0	0	0	0.01	0.02	0.02
Lacrymaria	0	0	0.01	0	0	0	0	0	0	0	0	0	0	0	0	0	0	0	0	0	0

续表

属	1	2	3	4	5	6	7	8	9	10	11	12	13	14	15	16	17	18	19	20	21
Lactarius	0.23	0.42	0.44	0.01	0.05	0.02	0.02	0.02	0.03	0.01	0.01	0	0.04	0.15	0.06	1.42	2.00	2.05	2.48	1.64	1.72
Lalaria	0	0	0	0	0	0	0	0	0.03	0	0	0	0.01	0.04	0	0.01	0	0	0	0	0
Lasiosphaeriaceae_unclassified	0.15	0.41	0.30	0.19	0.51	0.43	0.27	0.72	0.58	0.05	0.27	0.16	0.09	0.52	0.73	0.01	0.09	0.14	0.04	0.16	0.16
Lecanicillium	0.01	0	0.01	0	0	0	0	0	0.01	0	0	0	0	0.04	0.11	0	0.01	0.02	0	0	0
Lectera	0	0	0	0	0	0	0	0	0	0	0	0	0.03	0.04	0.08	0	0	0	0	0	0
Lecythophora	0.01	0.15	0.08	0.04	0.04	0.05	0.04	0.11	0.13	0.01	0	0.01	0.01	0.02	0.09	0.01	0.09	0.09	0	0.03	0.05
Lemonniera	0.20	0.19	0.27	0.03	0.04	0.05	0.07	0.03	0.04	0	0	0	0.02	0	0	0.05	0.08	0.08	0	0.03	0.02
Lentaria	0	0	0	0	0	0	0	0	0	0	0	0	0	0	0	0	0	0	0	0	0
Lentinellus	0	0	0	0	0	0.01	0	0.01	0	0	0	0	0	0	0	0	0	0	0	0.01	0
Leohumicola	0.02	0	0	0.03	0.03	0.04	0	0	0	0.03	0.01	0.03	0	0	0	0	0	0	0	0	0
Leotiomycetes_unclassified	0.66	0.51	0.58	5.43	5.33	4.93	0.92	1.35	1.20	0.66	0.72	0.93	0.23	1.42	1.18	0.08	0.51	0.58	0.13	0.34	0.41
Lepiota	0	0	0	0	0	0	0	0	0	0	0	0	0	0	0.01	0	0	0	0	0	0.01
Lepista	0.01	0.03	0.06	0	0	0.01	0.01	0.16	0	0.03	0.08	0.05	0	0.04	0.07	0.01	0.02	0.01	0	0.02	0.02
Leptodontidium	0	0	0	0.02	0	0	0.05	0.05	0.05	0	0.03	0	0	0	0	0	0	0.01	0	0	0
Leptosphaeria	0.26	0.77	0.52	0.01	0.08	0.05	0.05	0.20	0.14	0.05	0.13	0.12	0.01	0.07	0.02	0.01	0.01	0.09	0	0.06	0.03
Leptosphaeriaceae_unclassified	0.01	0.06	0	0	0	0	0	0	0	0	0	0	0	0	0	0	0	0	0	0	0
Leptospora	0	0	0	0	0	0	0	0	0	0	0.01	0	0	0	0	0.01	0	0	0	0	0
Leucosporidiella	0	0	0	0.01	0	0	0	0	0	0	0	0	0	0	0	0	0	0	0	0	0
Leucosporidium	0	0	0	0.04	0.03	0.03	0	0	0	0.05	0.02	0.03	0	0	0	0	0	0	0	0	0
Limacella	0	0	0	0	0	0	0	0	0	0	0	0.02	0	0	0	0	0	0	0	0	0
Lophiostoma	0.04	0.02	0.05	0.14	0.18	0.20	0.31	0.52	0.48	0.41	0.71	0.66	0.18	0.51	0.66	0	0	0	0	0	0
Lyophyllaceae_unclassified	0	0	0	0	0	0	0.02	0.02	0	0	0	0.01	0	0	0	0	0.02	0.02	0.01	0.02	0

续表

属	1	2	3	4	5	6	7	8	9	10	11	12	13	14	15	16	17	18	19	20	21
Lyophyllum	0	0	0	0	0	0	0	0	0	0	0.02	0	0	0	0	0	0	0	0	0	0
Malassezia	0.03	0	0	0	0	0.02	0.01	0	0	0.01	0	0	0	0	0.01	0.01	0	0	0	0	0
Marasmiaceae_unclassified	0	0	0	0	0	0	0	0	0.05	0	0	0	0	0	0	0	0.01	0	0	0	0
Mariannaea	0.02	0.01	0	0	0	0	0	0	0	0.01	0.02	0.02	0	0	0	0	0	0	0.01	0	0.01
Mastigobasidium	0.96	0.46	0.34	0.27	0.17	0.30	2.12	0.74	1.03	0.06	0.06	0.19	0.09	0.10	0.13	0	0	0	0	0	0.01
Melanoleuca	0	0	0	0	0	0.02	0	0.01	0	0.05	0.01	0.66	0	0	0	0	0	0	0	0.01	0.03
Melanophyllum	0	0	0	0	0	0	0	0	0	0	0.02	0.04	0	0	0	0	0	0.02	0	0	0
Meliniomyces	0.04	0.13	0.04	0.02	0.05	0.04	0	0	0.11	0	0.02	0.01	0	0	0	0.09	0.49	0.40	0.02	0.21	0.24
Metacordyceps	0	0	0	0.02	0.06	0.06	0.03	0.04	0	0.01	0.01	0.01	0	0	0	0	0	0	0	0	0
Meyerozyma	0	0	0	0	0.01	0.01	0	0	0	0	0	0	0	0	0	0	0	0	0	0	0
Microascaceae_unclassified	0.01	0.01	0.06	0.03	0.05	0.12	0.15	0.02	0.17	0.04	0.04	0.05	0.02	0.27	0.18	0.02	0.04	0.02	0.02	0.03	0.06
Microbotryomycetes_unclassified	0	0.02	0.03	0	0.03	0	0.04	0.04	0.01	0.02	0	0.04	0.02	0	0	0.01	0	0	0.01	0.01	0
Minimedusa	0.01	0.05	0.01	0.09	0.61	0.59	0.03	0.08	0.13	0	0.05	0.05	0.02	0.22	0.19	0	0.01	0.01	0	0	0
Minutisphaera	0.07	0.14	0.15	0.06	0.11	0.09	0.05	0.04	0.04	0.24	0.36	0.27	0.04	0.19	0.11	0	0.01	0.01	0.01	0.04	0.04
Mollisia	0.02	0.06	0.02	0.10	0.10	0.13	0.05	0.05	0.09	0.03	0.09	0.03	0.02	0.18	0.13	0.01	0.09	0.13	0	0.04	0.06
Monilinia	0	0	0	0	0	0	0	0	0	0	0	0	0	0	0	0	0	0	0	0	0.01
Mortierella	10.54	19.95	20.92	15.98	21.31	22.39	12.05	17.21	17.62	7.14	14.05	14.81	3.71	15.80	15.21	0.75	6.85	6.48	1.40	9.68	9.72
Mortierellaceae_unclassified	0	0	0	0	0	0	0	0	0	0	0	0	0	0	0	0	0	0	0	0	0
Mortierellales_unclassified	0	0	0	0	0	0	0	0	0	0	0	0	0	0	0.01	0.01	0.04	0	0	0	0
Mrakia	0.01	0.09	0.03	0.12	0.30	0.20	0.37	0.66	0.70	0.26	0.28	0.39	0.06	0.31	0.36	0.01	0.09	0.09	0	0.02	0.05
Mrakiella	0	0	0	0	0	0	0	0	0	0	0	0.01	0	0	0.01	0	0	0	0	0	0
Mucidula	0	0	0	0	0	0	0	0.04	0	0	0	0	0	0	0	0	0	0	0	0	0

续表

属	1	2	3	4	5	6	7	8	9	10	11	12	13	14	15	16	17	18	19	20	21
Muscodor	0	0	0	0	0	0	0	0	0	0	0	0	0	0.01	0.01	0	0	0	0	0	0
Mycena	0.01	0.04	0.03	0.02	0	0	0.01	0.02	0.01	0.04	0.09	0.04	0.01	0.01	0.02	0.01	0.06	0.05	0.01	0.05	0.04
Mycogone	0	0.01	0.02	0.01	0.01	0.03	0	0	0	0	0	0.02	0.01	0.11	0.08	0	0.01	0	0.01	0.06	0.03
Mycosphaerella	0	0	0	0.01	0	0	0.01	0	0	0	0	0	0	0	0	0	0	0	0	0	0
Mycosphaerellaceae_unclassified	0.01	0.02	0	0	0	0.01	0.01	0	0	0	0	0.01	0	0	0	0	0	0.02	0.01	0.01	0
Mycothermus	0	0	0	0	0	0	0	0	0	0	0	0	0	0	0	0	0	0	0	0	0
Myrothecium	0	0	0	0	0	0	0	0	0	0	0	0	0	0	0.01	0	0	0	0	0	0
Myxotrichaceae_unclassified	0	0.01	0	0	0	0	0	0	0	0	0	0	0	0	0.02	0	0	0	0	0	0
Nectria	1.07	0.88	1.15	1.57	1.18	1.08	0.74	0.96	0.98	0.96	1.33	1.09	0.65	1.41	1.17	0.13	0.46	0.50	0.22	0.39	0.35
Nectriaceae_unclassified	0.31	0.57	0.61	0.36	0.78	0.48	0.57	0.86	0.93	0.22	0.55	0.49	0.18	0.79	1.13	0.02	0.20	0.13	0.05	0.24	0.24
Nemania	0	0	0	0	0.04	0.04	0.04	0.02	0.02	0	0	0.02	0.01	0.01	0.02	0	0.01	0.01	0	0.01	0
Neobulgaria	0	0	0	0.04	0.14	0.08	0.06	0.22	0.19	0.01	0.02	0.07	0.06	0.27	0.26	0.01	0.03	0.02	0	0	0.02
Neofabraea	0	0	0	0	0	0	0	0	0	0	0	0	0	0	0	0	0.01	0.02	0	0	0
Neonectria	0.13	0.20	0.12	0.21	0.16	0.25	0.37	0.25	0.47	0.12	0.11	0.16	0.09	0.18	0.14	0	0.03	0.07	0.02	0.03	0.03
Neopeckia	0	0	0	0	0.03	0	0	0	0	0	0.02	0.01	0	0	0	0	0	0	0	0	0
Neopestalotiopsis	0	0	0	0	0	0	0	0	0	0	0	0.05	0	0	0	0	0	0	0	0	0
Neurospora	0.01	0.04	0.03	0.03	0.09	0.09	0.07	0.14	0.04	0.03	0.13	0.10	0	0.01	0.02	0.01	0.08	0.08	0.02	0.06	0.07
Nodulisporium	0	0	0	0	0.01	0.01	0.01	0.03	0.02	0.01	0	0	0	0.02	0.02	0	0	0	0	0	0
Ochroconis	0	0	0	0	0	0	0	0	0	0	0	0	0	0.02	0	0	0.01	0	0	0	0
Octaviania	0	0	0	0	0	0	0	0	0	0	0	0	0	0.02	0.02	0	0	0	0	0	0
Odontia	0	0	0	0	0	0	0	0	0	0	0	0	0	0.02	0.01	0.01	0.01	0.01	0	0.01	0.01
Oidiodendron	0.11	0.37	0.28	0.02	0.09	0.03	0.02	0.07	0.03	0.05	0.29	0.41	0	0	0	0	0.05	0.01	0.12	0.26	0.24

续表

属	1	2	3	4	5	6	7	8	9	10	11	12	13	14	15	16	17	18	19	20	21
Olpidium	0.09	0.16	0.19	0	0.03	0	0	0	0.05	0	0.03	0	0.01	0	0.03	0	0	0	0.01	0.03	0.01
Omphalotus	0	0	0	0	0	0	0.01	0.02	0	0	0.01	0.01	0	0	0	0	0	0	0	0	0
Operculomyces	0.01	0.01	0.01	0.01	0.18	0.20	0	0.07	0.08	0	0.15	0.10	0	0.21	0.15	0	0.06	0.03	0	0.03	0.02
Ophiocordycipitaceae_unclassified	0.02	0.01	0.03	0	0.04	0.02	0.01	0.01	0	0	0	0	0.03	0.08	0.19	0	0	0.02	0.01	0.01	0.02
Orbiliaceae_unclassified	0	0	0	0	0	0	0	0	0	0	0	0	0	0	0	0	0	0	0	0	0
Pachylepyrium	0	0.01	0	0	0	0	0	0	0	0	0	0	0	0	0	0	0	0	0	0	0
Pachyphloeus	0	0	0	0	0.13	0.11	0	0	0	0	0	0	0	0.02	0	0	0	0	0	0	0
Paecilomyces	0.02	0	0	0.02	0.01	0.04	0.07	0.07	0.06	0.03	0.04	0.04	0.06	0.11	0.07	0	0.02	0	0.02	0.04	0.03
Paraconiothyrium	0	0	0.02	0.01	0.02	0.04	0	0	0	0.01	0	0	0	0	0	0	0	0	0	0	0
Paraglomeraceae_unclassified	0	0	0	0	0.05	0.05	0	0	0	0	0.01	0.03	0	0	0	0	0	0	0	0	0
Paraglomerales_unclassified	0	0	0.01	0	0	0.07	0	0.02	0.01	0	0	0	0	0	0	0	0	0	0	0	0
Paraglomus	0	0	0	0	0	0	0	0	0	0	0.02	0	0	0	0	0	0	0	0	0	0
Paraphoma	0.02	0.07	0.16	0	0.01	0.03	0.03	0.05	0.01	0	0	0.01	0.01	0.19	0.19	0.01	0.01	0.03	0	0.01	0.01
Parasola	0	0.01	0	0	0.01	0	0	0	0	0	0	0	0	0	0	0	0	0	0	0	0
Paratritirachium	0	0	0	0	0	0	0	0.02	0	0	0	0	0	0	0.02	0	0	0	0	0	0
Penicillium	0.08	0.16	0.22	0.31	0.60	0.73	0.13	0.63	0.62	0.07	0.65	0.56	0.03	0.51	0.43	0.08	0.41	0.45	0.05	0.24	0.26
Peniophora	0	0	0	0	0	0.01	0	0.03	0.01	0.01	0.01	0.04	0.01	0.02	0.03	0.01	0.01	0.01	0	0	0.01
Periconia	0	0	0	0.01	0	0.01	0	0	0.02	0.01	0.04	0.04	0.01	0	0	0.01	0	0	0	0	0
Pestalotiopsis	0	0	0	0.01	0	0	0	0	0	0	0	0.03	0.01	0.11	0.01	0	0.01	0	0	0	0
Pezicula	0.01	0	0	0	0	0	0	0	0	0	0	0	0	0	0.02	0.03	0.02	0.01	0	0.01	0
Peziza	1.23	3.46	3.62	0	0	0	0	0	0	0.01	0.02	0.05	0	0.02	0.03	0.01	0.54	0.35	0.10	0.70	0.71
Pezizaceae_unclassified	0	0	0	0	0	0	0	0	0	0	0	0	0	0.02	0.03	0.01	0.18	0.18	0	0.02	0.01

续表

属	1	2	3	4	5	6	7	8	9	10	11	12	13	14	15	16	17	18	19	20	21
Pezizella	0.07	0.13	0.07	0.07	0.08	0.12	0.42	0.26	0.30	0.17	0.05	0.08	0.04	0.07	0.09	0.02	0.06	0.08	0.05	0.06	0.10
Peziomycetes_unclassified	0	0	0	0	0	0	0	0	0	0	0	0	0	0	0	0	0	0	0	0	0
Phacellium	0	0	0	0	0.01	0	0	0	0	0	0	0	0	0	0	0	0	0	0	0	0
Phaeoacremonium	0	0.01	0.04	0	0	0	0	0	0	0	0	0	0	0.02	0	0	0	0	0	0	0.01
Phaeococcomyces	0	0	0	0	0	0	0	0	0	0	0	0	0	0.02	0	0	0	0	0	0	0
Phaeomollisia	0	0	0	0	0	0	0	0	0	0	0	0	0.02	0	0	0	0	0	0	0	0
Phaeomoniella	0	0	0	0	0	0	0	0	0	0	0	0	0	0	0	0	0	0	0	0.01	0.01
Phallus	0	0	0	0.24	0.03	0.05	0.02	0.02	0.05	0.02	0.06	0	0	0.02	0	0	0.02	0.01	0	0	0.01
Phanerochaete	0	0	0	0	0	0	0	0	0	0	0	0	0	0	0	0	0	0	0	0	0
Phellinus	0.01	0.02	0.05	0	0.01	0	0	0.01	0.05	0	0.01	0	0	0	0	0	0	0	0	0	0
Phialemonium	0	0	0	0	0	0	0	0	0.01	0	0	0	0	0	0	0	0	0	0	0	0
Phialocephala	0.65	0.59	0.65	0.13	0.08	0.05	0.16	0.12	0.07	0.24	0.17	0.19	0.02	0.01	0.08	0.08	0.16	0.19	0.57	0.41	0.44
Phialophora	0.04	0.13	0.11	0.06	0.02	0.06	0.02	0.12	0.02	0.04	0.03	0.10	0.01	0.01	0.03	0	0.03	0.01	0.05	0.06	0.05
Phlebia	0	0	0	0	0	0.01	0	0.04	0.01	0	0	0	0	0	0	0	0	0	0	0	0
Phlebiella	0	0	0	0.02	0	0	0	0	0	0	0	0	0	0	0	0	0	0	0	0	0
Pholiota	0.02	0.05	0.05	0.02	0.02	0.05	0.03	0.10	0.02	0.02	0.10	0.04	0.01	0.06	0.07	0.01	0.04	0.06	0.02	0.05	0.06
Phoma	0.03	0.03	0.04	0.32	0.21	0.06	0.06	0.08	0.04	0.17	0.21	0.16	1.90	1.92	2.01	0.01	0.05	0.04	0.01	0.01	0.01
Piloderma	0	0	0	0	0	0	0	0	0	0	0	0	0	0	0	0.15	0.39	0.34	0.65	1.22	0.01
Pleonectria	0	0.01	0	0	0	0	0	0	0	0	0	0	0	0	0	0	0	0	0	0	1.21
Pleospora	0	0	0	0	0	0.01	0.18	0.43	0.44	0	0	0	0	0	0	0	0	0	0	0	0
Pleosporales_unclassified	0.05	0.06	0.02	0.04	0.05	0.11	0.02	0.02	0.07	0.04	0.04	0.04	0.05	0.02	0.07	0.04	0.11	0.12	0.03	0.02	0.01
Pleurotheciella	0	0	0	0	0	0	0	0	0	0	0	0	0	0	0.07	0	0	0	0	0	0

续表

属	1	2	3	4	5	6	7	8	9	10	11	12	13	14	15	16	17	18	19	20	21
Pleurotus	0	0	0	0	0	0	0	0	0	0	0	0	0	0	0	0	0	0	0	0	0
Pluteus	0	0.01	0	0	0.02	0	0.43	0.35	0.36	0.02	0	0.05	0.01	0.07	0.08	0	0.01	0.01	0	0	0
Pochonia	0.02	0.08	0.04	0.03	0.15	0.16	0.03	0.33	0.16	0.01	0.24	0.22	0.01	0.02	0.05	0	0	0	0	0.01	0.02
Podosphaera	0	0	0	0	0	0	0	0	0	0	0	0	0	0	0	0	0	0	0	0	0
Podospora	0.01	0	0	0	0.02	0.01	0.12	0.24	0.20	0.01	0.03	0.06	0	0.01	0.02	0	0	0	0	0	0
Polycephalomyces	0.01	0.04	0.08	0	0.01	0.03	0.01	0	0	0	0	0	0	0	0	0	0	0	0	0	0
Polyporales_unclassified	0.01	0.04	0.09	0	0	0	0	0.02	0.03	0	0	0	0	0.01	0	0	0	0	0	0.01	0
Postia	0	0	0.01	0	0	0	0	0	0	0	0	0	0	0	0	0	0.01	0	0	0	0
Preussia	0.02	0.04	0.07	0.13	0.12	0.02	0.03	0.07	0.09	0.06	0.01	0.03	0.01	0.04	0.08	0.01	0.02	0.01	0.01	0.03	0.02
Proliferodiscus	0	0	0	0	0	0	0	0	0	0	0	0	0	0	0	0	0	0	0	0	0.01
Psathyrella	0	0.01	0	0.28	0.86	0.58	0.23	0.45	0.52	0	0.02	0	0	0.03	0.03	0.01	0.03	0.03	0	0	0
Psathyrellaceae_unclassified	0	0	0	0	0.03	0	0	0	0.01	0	0	0	0	0	0	0	0	0	0	0	0
Pseudaleuria	0	0	0	0	0	0	0	0	0	0	0	0	0	0	0	0	0	0	0	0.03	0.03
Pseudallescheria	0.01	0	0	0	0	0	0.02	0	0	0	0	0	0	0	0	0	0	0	0	0	0
Pseudeurotiaceae_unclassified	0.01	0	0	0	0	0	0	0	0	0.02	0	0	0	0	0	0	0	0	0	0	0
Pseudeurotium	1.66	1.97	1.90	0.55	0.77	0.62	0.85	1.39	0.95	1.64	1.84	2.00	0.08	0.20	0.26	0.10	0.25	0.24	0.73	0.76	0.82
Pseudogymnoascus	0.55	0.40	0.68	3.61	1.97	1.21	0.30	1.99	2.08	0.06	1.60	0.74	0.12	1.20	0.93	0.01	0.22	0.16	0.02	0.20	0.27
Pseudotomentella	0	0	0.01	0.02	0.02	0.02	0	0.08	0.13	0	0	0	0.05	0.49	0.52	0	0	0	0	0.43	0.36
Pseudovalsaria	0	0	0	0	0	0	0	0	0	0	0	0	0	0	0	0	0	0	0	0	0
Psilocybe	0	0	0	0	0	0	0.01	0	0	0	0	0	0	0	0	0	0.01	0	0	0	0
Pulvinula	0	0	0	0	0	0	0	0	0	0	0	0	0.01	0	0.02	0	0	0	0	0.01	0
Pyrenochaeta	0	0	0	0	0	0	0	0.03	0	0	0.01	0	0	0	0	0	0	0	0	0	0

续表

属	1	2	3	4	5	6	7	8	9	10	11	12	13	14	15	16	17	18	19	20	21
Pyrenochaetopsis	0	0	0	0	0	0	0.02	0	0	0	0	0	0	0	0	0	0	0	0	0	0.01
Pyronemataceae_unclassified	0	0	0	0	0	0	0	0	0	0	0	0	0	0	0	0	0	0	0	0	0.01
Rachicladosporium	0.01	0.01	0	0	0	0	0	0	0	0	0	0	0	0	0	0	0	0.01	0	0	0.01
Ramaria	0.01	0	0.01	0	0	0	0	0	0	0	0	0	0	0	0	0	0	0	0	0	0
Ramariopsis	0.20	0.20	0.19	0.06	0.08	0.07	0.14	0.11	0.16	0.07	0.13	0.18	0.02	0.15	0.12	0	0.02	0.02	0.01	0	0
Ramicandelaber	0	0	0	0	0	0	0	0	0	0	0.01	0.02	0	0	0	0	0	0	0	0	0
Ramichloridium	0	0	0	0	0	0	0.01	0	0	0	0	0	0	0	0	0	0	0	0	0	0
Ramophialophora	0	0.02	0.03	0	0	0	0	0	0	0	0	0	0	0.02	0.02	0.01	0.05	0.08	0.01	0.05	0.02
Rasamsonia	0	0	0	0	0	0	0.01	0	0	0	0	0	0	0	0	0	0	0	0	0	0
Rhinocladiella	0	0	0.01	0	0	0	0	0	0	0	0	0.02	0	0	0	0	0	0	0	0	0.01
Rhizophagus	0	0	0	0	0	0	0	0	0.10	0	0.03	0.02	0	0.01	0.01	0	0	0.02	0	0.01	0
Rhizophlyctis	0	0	0	0	0	0	0	0	0	0	0	0.01	0	0	0.01	0	0	0	0	0	0
Rhizophydium	0	0	0	0	0.03	0.02	0	0.01	0.02	0	0.05	0	0	0.03	0.01	0	0.01	0.01	0	0.01	0
Rhizosphaera	0	0	0	0	0	0	0	0	0	0	0	0	0	0	0	0	0.01	0	0	0	0
Rhodosporidium	0	0	0	0	0.01	0	0	0.01	0	0.01	0	0	0	0	0	0	0	0	0.01	0	0
Rhodotorula	0	0.01	0.01	0.12	0.22	0.29	0.03	0.03	0.09	0.01	0.04	0.05	0.02	0.05	0.17	0.01	0.11	0.05	0	0.01	0
Rhytismatales_unclassified	0	0	0	0	0	0	0	0	0	0	0	0	0	0	0	0	0	0	0	0	0
Rigidoporus	0	0	0	0	0	0	0	0	0	0	0	0	0	0	0	0.02	0	0	0	0	0
Riparites	0	0	0	0	0	0	0	0.01	0	0	0	0	0	0	0	0	0	0.01	0	0	0
Rosellinia	0	0	0	0.01	0.02	0	0	0.01	0	0	0	0	0	0	0	0	0.01	0	0	0	0
Rugosomyces	0	0	0	0	0	0	0	0	0	0	0	0	0	0	0	0	0	0	0.03	0.20	0.22
Russula	0.02	0.01	0	2.00	0.87	0.89	0.72	0.20	0.38	0.01	0	0	0.05	0.04	0.05	2.14	1.44	1.26	4.35	2.02	2.26

续表

属	1	2	3	4	5	6	7	8	9	10	11	12	13	14	15	16	17	18	19	20	21
Saccharicola	0.03	0.21	0.16	0	0.02	0.05	0.02	0.12	0.05	0.03	0.16	0.19	0	0	0	0	0	0	0	0	0
Sarcinomyces	0.02	0	0	0	0	0	0	0	0	0	0	0	0	0	0	0	0	0.01	0	0.02	0
Sarea	0	0	0	0	0	0	0	0	0	0	0	0.01	0	0.02	0	0.01	0.01	0.01	0	0	0.01
Sarocladium	0	0	0	0	0	0.01	0	0	0	0	0	0	0.01	0.02	0.02	0	0	0	0	0	0
Saxoryella	0	0	0	0	0	0	0.01	0.01	0	0	0	0	0	0	0	0	0	0	0	0	0
Scabropezia	0	0	0	0	0	0	0	0	0	0	0	0	0	0	0	0	0	0	0	0.03	0.02
Scedosporium	0	0	0	0.01	0	0	0	0	0	0.02	0	0	0	0	0	0	0	0	0	0	0
Schizophyllum	0	0	0	0	0	0	0.01	0	0	0.01	0.01	0.02	0	0	0.01	0	0	0	0	0	0
Schizothecium	0.38	0.26	0.27	0.01	0.02	0.01	0.17	0.07	0.20	0.02	0.01	0.02	0.02	0	0.03	0	0	0	0	0	0
Scleroderma	0	0	0	0	0	0	0	0	0.02	0.04	0.03	0	0	0	0	0	0	0	5.65	1.50	1.53
Sclerostagonospora	0	0	0	0	0	0	0.02	0.02	0.02	0	0.04	0.01	0	0.01	0	0	0	0.02	0	0	0
Sclerotinia	0.01	0	0.02	0.01	0	0	0	0	0	0	0.03	0.01	0	0	0	0	0	0	0	0	0
Sclerotiniaceae_unclassified	0	0.02	0.02	0	0	0.06	0.04	0.04	0	0	0.04	0.07	0	0	0.04	0	0	0	0	0	0
Scopuloides	0.02	0.01	0	0	0	0	0	0	0	0	0	0	0	0	0	0	0	0	0	0	0
Scutellinia	0	0	0	0	0.01	0.04	0.01	0.02	0.04	0.07	0.10	0.15	0.04	0.15	0.05	0.01	0	0	0	0	0.01
Scytalidium	0.14	0.02	0	0.02	0.04	0.02	0.91	0.34	0.32	0.02	0.07	0.04	0.01	0.04	0.02	0.02	0.01	0.04	0	0.01	0.03
Sebacina	3.30	1.51	1.55	0.09	0.05	0.04	1.34	0.35	0.30	0.02	0	0.05	11.24	2.34	2.41	18.12	6.97	7.92	3.68	1.88	1.73
Sebacinaceae_unclassified	0	0.02	0	0	0	0	0.54	0.23	0.24	0.16	0.01	0.02	0	0	0	0.03	0.03	0.02	0.54	0.33	0.35
Sebacinales_unclassified	0	0	0	0	0.01	0.04	0.03	0.05	0	0	0	0	0	0	0	0	0	0	0	0	0
Sepedonium	0	0	0	0	0	0	0.01	0	0	0	0	0	0	0	0	0	0	0	0	0	0
Serendipita	0	0	0	0	0	0	0	0	0.01	0	0	0	0	0	0	0	0	0	0	0	0
Setophaeosphaeria	0	0	0	0	0	0	0	0	0	0	0	0	0.01	0.01	0.13	0	0	0	0	0	0

续表

属	1	2	3	4	5	6	7	8	9	10	11	12	13	14	15	16	17	18	19	20	21
Simplicillium	0	0	0	0	0	0	0	0	0	0	0	0.01	0	0.02	0.05	0	0	0	0	0	0
Sistotrema	0	0	0	0	0.08	0.09	0	0	0	0	0	0	0	0	0	0	0	0	0	0	0
Sistotremastrum	0.01	0	0	0.11	0	0	0	0	0	0	0.01	0.02	0	0	0	0	0	0	0	0	0
Slopeiomyces	0	0	0	0	0	0	0	0	0	0	0	0	0	0	0	0	0.01	0.01	0	0.01	0.01
Sonoraphlyctis	0	0	0	0	0	0	0	0	0	0	0	0	0	0	0	0	0	0	0	0	0
Sordariales_unclassified	0.03	0.02	0	0.04	0	0.01	0.11	0.17	0.15	0.04	0.10	0.21	0	0.02	0	0.02	0.14	0.09	0.02	0.01	0.05
Sordariomycetes_unclassified	0.10	0.24	0.29	0.54	0.76	0.75	0.74	1.41	1.18	1.02	1.50	1.64	0.12	0.48	0.65	0.04	0.23	0.27	0.06	0.21	0.23
Sphaerosporella	0	0	0	0	0	0	0	0	0	0	0	0	0	0	0	0	0	0	0	0	0.02
Sphaerostilbella	0	0	0	0	0	0	0	0	0	0	0	0	0	0	0	0	0	0.04	0	0	0
Spizellomyces	0	0	0	0	0	0	0	0	0	0	0	0	0	0	0.03	0	0	0	0	0	0
Sporobolomyces	0.01	0	0	0	0	0	0	0	0	0	0	0	0	0	0	0	0.02	0	0	0	0
Sporormiaceae_unclassified	0.02	0.08	0.06	0.01	0.07	0.05	0	0.02	0.03	0.07	0.04	0.02	0	0.03	0.02	0	0.01	0.02	0.02	0.01	0.01
Sporormiella	0.01	0	0.03	0	0.02	0.01	0.01	0.05	0	0	0.06	0.01	0.01	0.04	0.03	0	0	0	0	0.01	0
Sporothrix	0.01	0.02	0.02	0.03	0.09	0.11	0.03	0.15	0.14	0.05	0.30	0.51	0	0	0	0	0	0	0	0	0
Squamania	0	0	0	0	0	0	0	0	0	0	0	0	0	0.03	0	0	0	0	0	0	0
Stachybotrys	0	0.03	0	0.02	0.18	0.24	0.02	0.04	0.20	0.01	0.10	0.10	0	0.13	0.11	0	0.01	0	0	0	0
Staphylotrichum	0.01	0	0	0.01	0	0.02	0.01	0.01	0.01	0.01	0.02	0.01	0.04	0.27	0.60	0.02	0.08	0.06	0.03	0.06	0.03
Steccherinum	0	0	0	0	0	0	0	0	0	0.02	0	0	0	0	0	0	0	0	0	0	0
Stilbella	0	0	0	0	0.01	0	0	0.02	0.01	0	0.04	0.07	0	0.12	0.10	0.04	0.04	0.02	0	0.02	0.04
Streliziana	0	0	0	0	0	0	0	0	0	0	0	0	0	0	0	0	0	0	0	0	0
Strophariaceae_unclassified	0.09	0.26	0.15	0	0.02	0.02	0.02	0.01	0.01	0.01	0.05	0.09	0	0.03	0.02	0.04	0.23	0.17	0	0.01	0.02
Sugiyamaella	0	0	0	0	0	0	0	0	0.02	0	0	0	0	0	0	0	0	0	0	0	0

续表

属	1	2	3	4	5	6	7	8	9	10	11	12	13	14	15	16	17	18	19	20	21
Suillus	0.81	0.39	0.63	0.01	0.01	0	0	0.02	0.02	0.34	2.09	1.10	0	0.02	0.01	0	0.01	0.01	0	0.02	0.01
Syzygospora	0	0.02	0.02	0.01	0	0	0	0.06	0.01	0	0.02	0.01	0.08	0.56	0.34	0	0.02	0.04	0	0.01	0.03
Tularomyces	0.03	0.05	0.05	0	0	0	0.01	0.05	0.01	0.01	0	0.01	0	0.01	0.02	0	0	0	0	0	0.01
Taphrina	0	0.02	0	0	0	0	0	0	0	0	0	0	0	0	0	0	0.02	0	0	0.01	0
Taphrinaceae_unclassified	0	0	0	0	0	0	0	0	0	0	0	0	0	0	0	0	0.02	0	0	0	0
Teratosphaeriaceae_unclassified	0	0	0	0	0	0	0	0	0	0	0	0	0	0	0	0	0.01	0	0	0	0
Tetracladium	0.19	0.79	1.23	0.45	1.65	1.97	0.67	1.66	1.49	0.16	1.20	1.04	0.08	1.53	1.31	0.02	0.35	0.38	0.01	0.21	0.22
Thanatephorus	0.01	0.03	0	0	0	0	0	0	0	0	0.06	0	0	0	0	0	0	0	0	0	0
Thelephora	2.58	0.81	0.95	0	0	0	0	0	0.01	0	0	0.01	0.03	0	0	0	0	0	0	0	0
Thelephoraceae_unclassified	3.75	1.39	1.52	0.12	0.19	0.10	0.34	0.21	0.10	0.21	0.16	0.21	0.99	0.78	0.61	4.34	2.58	2.52	3.84	1.54	1.68
Thelephorales_unclassified	0	0	0	0.01	0	0	0	0	0	0	0	0	0	0	0	0	0	0	0	0	0
Thermomyces	0.03	0	0	0.01	0	0	0.01	0.04	0	0.03	0.01	0	0	0	0	0	0	0	0.01	0	0
Thielavia	0	0	0	0	0	0	0	0	0	0	0	0	0	0	0	0	0	0	0	0	0
Tilletiopsis	0	0	0	0	0	0	0	0	0	0	0	0	0	0	0.01	0	0	0	0	0	0
Togninia	0	0	0	0	0	0	0	0	0	0	0	0	0	0	0	0	0	0.01	0	0	0
Tolypocladium	0	0.01	0.03	0.07	0.12	0.12	0.01	0.03	0.04	0	0	0.04	0	0	0.05	0	0	0	0	0	0.01
Tomentella	0.13	0.01	0.01	0.06	0.05	0	0.16	0.04	0.14	0	0.03	0.05	0.15	0.12	0.10	30.12	12.22	12.60	0.50	0.25	0.25
Trametes	0.14	0	0	0.02	0	0	0	0	0	0	0	0	0	0	0	0	0	0	0.01	0	0
Trechispora	0.05	0.03	0.03	0	0	0.02	0	0	0	0	0	0	0.09	0.11	0	0	0	0.02	0	0.01	0.01
Tremella	0	0	0	0	0	0	0	0	0	0.03	0.02	0	0	0	0	0	0	0	0	0.01	0.01
Tremellomycetes_unclassified	0	0.01	0	0	0	0.01	0.03	0.03	0.06	0	0	0	0	0	0	0	0	0.01	0	0.03	0.02
Triangularia	0	0	0	0	0	0	0	0.02	0	0	0	0	0	0	0	0	0	0	0	0.01	0

续表

属	1	2	3	4	5	6	7	8	9	10	11	12	13	14	15	16	17	18	19	20	21
Tricharina	0.01	0.02	0	0	0	0	0	0	0	0	0	0	0	0	0	0	0.01	0.01	0	0.01	0
Trichocomaceae_unclassified	0.32	0.68	0.62	0.08	0.38	0.37	0.12	0.25	0.20	0.11	0.36	0.39	0.15	1.40	1.52	0.03	0.11	0.13	0.05	0.14	0.21
Trichoderma	0.03	0.14	0.12	0.16	0.47	0.39	0.01	0.32	0.38	0.07	0.63	0.63	0	0.14	0.22	0.01	0.08	0.09	0	0.06	0.04
Trichoglossum	0	0	0	0.01	0.04	0.03	0	0	0	0	0	0	0	0	0	0	0	0	0	0	0
Tricholoma	0	0	0	0	0	0.02	0.01	0	0	0.29	0.68	0.69	0	0	0	0	0	0	0	0	0.01
Tricholomataceae_unclassified	0	0	0	0.01	0	0.06	0.04	0.21	0.07	0.01	0.06	0.03	0.02	0.45	0.31	0	0	0	0	0	0
Trichosporon	2.27	0	0	1.60	0.01	0	4.37	0	0	2.56	0.01	0.02	1.71	0	0	0.53	0	0	1.26	0	0
Tricladium	0.09	0.21	0.25	0.03	0.08	0.25	0.05	0.13	0.15	0.06	0.20	0.12	0.01	0.12	0.14	0.01	0.01	0.03	0	0.04	0.03
Tuber	0.04	0.25	0.09	0.02	0.05	0.03	0.02	0.03	0	0.02	0.02	0.04	0.01	0	0	0.01	0.02	0.02	0.22	0.47	0.55
Tubeufiaceae_unclassified	0	0	0	0	0	0	0	0	0	0	0	0	0	0	0.01	0	0	0	0	0	0
Udeniomyces	0	0	0	0	0	0	0	0.02	0	0	0	0	0	0	0	0	0	0	0	0.01	0.01
Umbelopsis	0.02	0.08	0.11	0.01	0.05	0.03	0.01	0.07	0.07	0.05	0.30	0.20	0	0	0	0	0.07	0.03	0	0.09	0.09
Ustilago	0	0	0	0	0	0	0	0	0	0	0	0	0	0	0	0	0	0	0	0	0
Valsaceae_unclassified	0	0	0	0	0	0	0	0	0	0	0	0	0	0	0	0	0	0	0	0	0
Venturia	0.05	0.03	0.07	0	0	0	0	0	0	0	0	0.01	0	0	0	0	0	0.02	0	0.01	0
Verticillium	0.02	0	0	0	0	0	0.06	0.06	0.05	0	0.01	0	0	0	0	0	0.01	0	0	0	0
Vestigium	0	0	0	0	0	0	0	0	0.01	0.01	0	0	0	0	0	0	0	0	0	0	0
Virgaria	0	0	0	0	0	0	0.01	0.01	0	0	0	0	0	0	0	0	0	0	0	0	0
Volutella	0.04	0.21	0.20	0	0	0	0.03	0.10	0.31	0	0.11	0.09	0	0.09	0	0	0	0	0	0	0
Volvariella	0	0.03	0	0	0	0	0	0	0	0	0	0	0	0.28	0	0	0	0	0.01	0.01	0.01
Wallemia	0	0	0	0	0	0	0	0	0	0.01	0	0	0.02	0	0	0	0	0.01	0	0	0
Wardomyces	0.01	0	0.01	0	0	0.02	0.12	0	0.11	0	0.01	0	0	0	0	0	0	0	0	0	0

续表

属	1	2	3	4	5	6	7	8	9	10	11	12	13	14	15	16	17	18	19	20	21
Wickerhamomyces	0	0	0	0	0	0.01	0	0	0	0	0	0	0	0	0	0	0	0	0	0	0
Wilcoxina	0.01	0	0.01	0	0	0	0	0	0	0	0	0	0	0	0	0	0	0	0	0	0
Wojnowicia	0	0	0	0	0	0	0	0	0	0	0	0	0	0	0.01	0	0	0	0	0	0
Xanthoria	0	0	0	0.01	0.01	0.02	0	0	0	0	0	0	0	0	0	0	0	0	0	0	0
Xenopolyscytalum	0	0.04	0.03	0	0	0	0.11	0.04	0.15	0.04	0.09	0.01	0	0	0	0	0	0	0.04	0.11	0.15
Xerocomus	0	0	0	0	0	0	0	0	0	0	0	0	0	0	0	0	0	0	0	0	0.01
Xylaria	0.01	0	0.05	0.02	0.03	0.08	0.08	0.09	0.05	0.02	0.05	0.07	0.02	0.14	0.09	0	0.03	0	0	0	0.02
Xylariaceae_unclassified	0	0.03	0.04	0	0.01	0.02	0	0	0.02	0	0	0.03	0	0.03	0	0	0.01	0.01	0	0.03	0.02
Xylariales_unclassified	0.02	0.17	0.21	0.15	0.38	0.32	0.17	0.43	0.37	0.22	0.63	0.51	0.18	0.77	1.03	0.01	0.04	0.11	0.01	0.04	0.06
Xylodon	0	0	0.01	0	0	0	0	0	0	0	0	0	0	0	0	0	0	0	0	0	0
Xylogone	0.03	0.03	0.02	0.08	0.05	0	0	0	0	0.04	0.02	0	0	0	0	0	0	0	0.01	0	0
Zalerion	0	0.03	0	0	0	0	0	0	0	0	0.02	0.02	0	0	0	0	0	0	0	0.03	0.04
Zygophiala	0	0	0	0	0	0	0	0	0	0	0	0	0	0	0	0	0	0	0	0	0.01
unidentified	24.67	10.79	10.42	3.24	3.60	3.94	25.27	10.68	10.53	45.82	17.16	18.24	3.43	3.30	3.90	3.33	3.80	4.52	8.24	7.12	6.39

注：1～3 代表 PK 真菌相对丰度的 3 次重复；4～6 代表 FM 真菌相对丰度的 3 次重复；7～9 代表 PK×JM/JM 真菌相对丰度的 3 次重复；10～12 代表 PK×JM/PK 真菌相对丰度的 3 次重复；13～15 代表 FM 真菌相对丰度的 3 次重复；16～18 代表 PK×FM/FM 真菌相对丰度的 3 次重复；19～21 代表 PK×FM/PK 真菌相对丰度的 3 次重复。

附表 7　纯林和混交林土壤中氨氧化古菌门分类水平的相对丰度值

单位:%

门	1	2	3	4	5	6	7	8	9	10	11	12	13	14	15	16	17	18	19	20	21
Crenarchaeota	65.02	68.01	65.07	50.21	53.39	51.22	58.08	58.31	59.44	59.49	59.17	60.58	71.07	70.76	54.90	58.28	57.68	63.19	63.98	63.94	
Thaumarchaeota	34.98	31.99	34.93	49.77	46.61	48.78	41.92	41.69	40.54	40.51	40.83	39.41	28.93	29.24	45.10	41.72	42.32	36.81	36.02	36.03	
Unclassified	0	0	0	0.01	0	0	0	0	0.02	0	0	0.01	0	0	0	0	0	0	0	0	0.03

注:1~3 代表 PK 氨氧化古菌相对丰度的 3 次重复;4~6 代表 JM 氨氧化古菌相对丰度的 3 次重复;7~9 代表 PK×JM/JM 氨氧化古菌相对丰度的 3 次重复;10~12 代表 PK×JM/PK 氨氧化古菌相对丰度的 3 次重复;13~15 代表 FM 氨氧化古菌相对丰度的 3 次重复;16~18 代表 PK×FM/PK 氨氧化古菌相对丰度的 3 次重复;19~21 代表 PK×FM/FM 氨氧化古菌相对丰度的 3 次重复。

附表 8　纯林和混交林土壤中氨氧化古菌纲分类水平的相对丰度值

单位:%

纲	1	2	3	4	5	6	7	8	9	10	11	12	13	14	15	16	17	18	19	20	21
Crenarchaeota_norank	65.02	68.01	65.07	50.21	53.39	51.22	58.08	58.31	59.44	59.49	59.17	60.58	71.93	71.07	70.76	54.90	58.28	57.68	63.19	63.98	63.94
Thaumarchaeota_norank	34.98	31.99	34.93	49.77	46.61	48.78	41.92	41.69	40.54	40.51	40.83	39.41	28.07	28.93	29.24	45.10	41.72	42.32	36.81	36.02	36.03
Unclassified	0	0	0	0.01	0	0	0	0	0.02	0	0	0.01	0	0	0	0	0	0	0	0	0.03

注:1~3 代表 PK 氨氧化古菌相对丰度的 3 次重复;4~6 代表 JM 氨氧化古菌相对丰度的 3 次重复;7~9 代表 PK×JM/JM 氨氧化古菌相对丰度的 3 次重复;10~12 代表 PK×JM/PK 氨氧化古菌相对丰度的 3 次重复;13~15 代表 FM 氨氧化古菌相对丰度的 3 次重复;16~18 代表 PK×FM/FM 氨氧化古菌相对丰度的 3 次重复;19~21 代表 PK×FM/PK 氨氧化古菌相对丰度的 3 次重复。

附表 9　纯林和混交林土壤中氨氧化古菌属分类水平的相对丰度值

单位:%

属	1	2	3	4	5	6	7	8	9	10	11	12	13	14	15	16	17	18	19	20	21
Candidatus Nitrosotalea	0.02	0.01	0	0	0	0	0	0	0	0.02	0	0.01	0	0	0	0	0	0	0.01	0	0.02
Crenarchaeota_norank	65.02	68.01	65.07	50.21	53.39	51.22	58.08	58.31	59.44	59.49	59.17	60.58	71.93	71.07	70.76	54.90	58.28	57.68	63.19	63.98	63.94
Nitrosopumilus	0.07	0.06	0.04	0.36	0.36	0.42	0.21	0.26	0.35	0.20	0.17	0.13	0.09	0.08	0.07	0.17	0.18	0.16	0.12	0.10	0.13
Nitrososphaera	2.48	2.04	2.64	3.05	3.55	3.55	5.59	4.69	5.68	4.14	3.62	3.74	4.39	4.20	4.09	8.84	8.39	8.06	8.29	8.35	9.26
Thaumarchaeota_norank	32.41	29.89	32.25	46.36	42.69	44.80	36.13	36.74	34.52	36.14	37.04	35.52	23.59	24.65	25.08	36.10	33.14	34.10	28.40	27.56	26.63
Unclassified	0	0	0	0	0	0	0	0	0.02	0	0	0.01	0	0	0	0	0	0	0	0	0.03

注:1～3 代表 PK 氨氧化古菌相对丰度的 3 次重复;4～6 代表 JM 氨氧化古菌相对丰度的 3 次重复;7～9 代表 PK×JM/JM 氨氧化古菌相对丰度的 3 次重复;10～12 代表 PK×JM/PK 氨氧化古菌相对丰度的 3 次重复;13～15 代表 FM 氨氧化古菌相对丰度的 3 次重复;16～18 代表 PK×FM/FM 氨氧化古菌相对丰度的 3 次重复;19～21 代表 PK×FM/PK 氨氧化古菌相对丰度的 3 次重复。

附表 10　纯林和混交林土壤中氨氧化细菌门分类水平的相对丰度值

单位：%

门	1	2	3	4	5	6	7	8	9	10	11	12	13	14	15	16	17	18	19	20	21
Acidobacteria	0	0.01	0.04	0	0	0	0	0	0	0	0	0	0	0	0	0	0	0	0	0	0
Actinobacteria	0	0	0	0	0	0	0	0	0	0	0	0	0	0.02	0.02	0	0	0	0	0	0
Gemmatimonadetes	0	0	0	0	0	0	0.02	0	0	0	0	0	0.01	0.23	0	0	0.01	0	0	0.01	0
Proteobacteria	99.92	98.78	98.89	99.95	97.62	98.17	99.91	98.21	97.87	99.94	99.25	99.08	99.83	89.91	90.43	99.99	99.11	98.76	99.92	98.11	97.97
Unclassified	0.08	1.21	1.07	0.05	2.38	1.83	0.07	1.79	2.13	0.05	0.75	0.92	0.16	9.83	9.55	0.01	0.88	1.24	0.07	1.88	2.03

注：1～3 代表 PK 氨氧化细菌相对丰度的 3 次重复；4～6 代表 JM 氨氧化细菌相对丰度的 3 次重复；7～9 代表 PK×JM/JM 氨氧化细菌相对丰度的 3 次重复；10～12 代表 PK×JM/PK 氨氧化细菌相对丰度的 3 次重复；13～15 代表 FM 氨氧化细菌相对丰度的 3 次重复；16～18 代表 PK×FM/FM 氨氧化细菌相对丰度的 3 次重复；19～21 代表 PK×FM/PK 氨氧化细菌相对丰度的 3 次重复。

附表 11　纯林和混交林土壤中氨氧化细菌纲分类水平的相对丰度值

单位：%

纲	1	2	3	4	5	6	7	8	9	10	11	12	13	14	15	16	17	18	19	20	21
Actinobacteria	0	0	0	0	0	0	0	0	0	0	0	0	0	0.02	0.02	0	0	0	0	0	0
Alphaproteobacteria	0	0	0	0	0	0	0	0	0	0	0	0	0	0	0.01	0	0	0	0	0	0
Betaproteobacteria	99.92	98.66	98.89	99.95	97.62	98.17	99.91	98.21	97.79	99.94	99.25	99.08	99.83	89.91	90.43	99.99	99.11	98.63	99.92	98.11	97.97
Deltaproteobacteria	0	0	0	0	0	0	0	0	0.07	0	0	0	0	0	0	0	0	0.13	0	0	0
Gammaproteobacteria	0	0.13	0	0	0	0	0	0	0	0	0	0	0	0	0	0	0	0	0	0	0
Gemmatimonadetes	0	0	0	0	0	0	0.02	0	0	0	0	0	0.01	0.23	0	0	0.01	0	0	0.01	0
Solibacteres	0	0.01	0.04	0	0	0	0	0	0	0	0	0	0	0	0	0	0	0	0	0	0
Unclassified	0.08	1.21	1.07	0.05	2.38	1.83	0.07	1.79	2.13	0.05	0.75	0.92	0.16	9.83	9.55	0.01	0.88	1.24	0	1.88	2.03

注：1～3 代表 PK 氨氧化细菌相对丰度的 3 次重复；4～6 代表 JM 氨氧化细菌相对丰度的 3 次重复；7～9 代表 PK×JM/JM 氨氧化细菌相对丰度的 3 次重复；10～12 代表 PK×JM/PK 氨氧化细菌相对丰度的 3 次重复；13～15 代表 FM 氨氧化细菌相对丰度的 3 次重复；16～18 代表 PK×FM/FM 氨氧化细菌相对丰度的 3 次重复；19～21 代表 PK×FM/PK 氨氧化细菌相对丰度的 3 次重复。

附表 12　纯林和混交林土壤中氨氧化细菌属分类水平的相对丰度值

单位:%

属	1	2	3	4	5	6	7	8	9	10	11	12	13	14	15	16	17	18	19	20	21
Achromobacter	0	0	0	0	0	0	0	0	0	0	0	0	0	0	0	0	0	0	0	0.02	0.02
Actinoplanes	0	0	0	0	0	0	0	0	0	0	0	0	0	0.02	0.02	0	0	0	0	0	0
Bradyrhizobium	0	0	0	0	0	0	0	0	0	0	0	0	0	0	0.01	0	0	0	0	0	0
Burkholderia	0	0	0	0	0	0.01	0	0	0	0	0	0	0	0	0	0	0	0	0	0	0
Candidatus Solibacter	0	0.01	0.04	0	0	0	0	0	0	0	0	0	0	0	0	0	0	0	0	0	0
Corallococcus	0	0	0	0	0	0	0	0	0	0	0	0	0	0	0	0	0	0.09	0	0	0
Cupriavidus	0	0	0.04	0	0	0	0	0	0	0	0	0	0	0	0	0	0	0	0	0	0
Dyella	0	0.13	0	0	0	0	0	0	0	0	0	0	0	0	0	0	0	0	0	0	0
Gemmatimonadetes_norank	0	0	0	0	0	0	0.02	0	0	0	0	0	0.01	0.23	0	0	0.01	0	0	0.01	0
Methylibium	0	0	0	0	0	0.03	0	0	0	0	0	0	0	0	0	0	0.02	0	0	0	0
Myxococcus	0	0	0	0	0	0	0	0	0	0	0	0	0	0	0	0	0	0.04	0	0	0
Nitrosomonas	0	0	0	0	0	0	0.01	0.37	0	0	0	0	0.14	0	0	0	0	0	0	0	0
Nitrosospira	99.92	98.63	98.85	99.95	97.62	98.13	99.90	97.83	97.79	99.94	99.25	99.08	99.69	89.91	90.42	99.99	99.09	98.63	99.92	98.09	97.95
Nitrosovibrio	0	0	0	0	0	0	0	0	0.01	0	0	0	0	0	0	0	0	0	0	0	0
Pseudogulbenkiania	0	0.01	0	0	0	0	0	0	0	0	0	0	0	0	0	0	0	0	0	0	0
Pseudomonas	0	0	0	0	0	0	0	0	0	0	0	0	0	0	0	0	0	0	0	0	0
Sorangium	0	0	0	0	0	0	0	0	0.07	0	0	0	0	0	0	0	0	0	0	0	0
Thauera	0	0.02	0	0	0	0	0	0	0	0	0	0	0	0	0	0	0	0	0	0	0
Unclassified	0.08	1.21	1.07	0.05	2.38	1.83	0.07	1.79	2.13	0.05	0.75	0.92	0.16	9.83	9.55	0.01	0.88	1.24	0.07	1.88	2.03

注:1~3代表 PK 氨氧化细菌相对丰度的 3 次重复;4~6代表 JM 氨氧化细菌相对丰度的 3 次重复;7~9代表 PK×JM 氨氧化细菌相对丰度的 3 次重复;10~12代表 PK×JM/PK 氨氧化细菌相对丰度的 3 次重复;13~15代表 FM 氨氧化细菌相对丰度的 3 次重复;16~18代表 PK×FM 氨氧化细菌相对丰度的 3 次重复;19~21代表 PK×FM/PK 氨氧化细菌相对丰度的 3 次重复。

参考文献

[1]BONAN G B. Forests and climate change: forcings, feedbacks, and the climate benefits of forests[J]. Science, 2008, 320(5882): 1444 – 1449.

[2]LEWIS S L, EDWARDS D P, GALBRAITH D W. Increasing human dominance of tropical forests [J]. Science, 2015, 349(6250): 827 – 832.

[3]PRĂVĂLIE R. Major perturbations in the Earth's forest ecosystems. Possible implications for global warming[J]. Earth-Science Reviews, 2018, 185: 544 – 571.

[4]KLINE J D, HARMON M E, SPIES T A, et al. Evaluating carbon storage, timber harvest, and habitat possibilities for a Western Cascades (USA) forest landscape[J]. Ecological Applications, 2016, 26(7): 2044 – 2059.

[5]MA J, BU R C, LIU M, et al. Ecosystem carbon storage distribution between plant and soil in different forest types in Northeastern China[J]. Ecological Engineering, 2015, 81: 353 – 362.

[6]SULLIVAN M J P, TALBOT J, LEWIS S L, et al. Diversity and carbon storage across the tropical forest biome[J]. Scientific Reports, 2017, 7: 39102.

[7]SEIDL R, SCHELLAAS M J, RAMMER W, et al. Increasing forest disturbances in Europe and their impact on carbon storage[J]. Nature Climate Change, 2014, 4(9): 806 – 810.

[8]BRADSHAW C J A, WARKENTIN I G. Global estimates of boreal forest carbon stocks and flux[J]. Global and Planetary Change, 2015, 128: 24 – 30.

[9]SEDJO R A. The potential of high-yield plantation forestry for meeting timber needs[J]. New Forests, 1999, 17(1 – 3): 339 – 360.

[10]BOLTE A, RAHMANN T, KUHR M, et al. Relationships between tree dimension and coarse root biomass in mixed stands of European beech (*Fagus sylvatica* L.) and Norway spruce (*Picea abies* [L.] Karst.)[J]. Plant and Soil, 2004, 264(1 – 2): 1 – 11.

[11]SPIECKER H, HANSEN J, KLIMO E, et al. Norway spruce conversion: options and consequences[J]. Brill Academic Pub, 2004: 269.

[12]HEIN S, DHÔTE J F. Effect of species composition, stand density and site index on the basal area increment of oak trees (*Quercus* sp.) in mixed stands

with beech (*Fagus sylvatica* L.) in northern France[J]. Annals of Forest Science, 2006, 63(5): 457 – 467.

[13]PRETZSCH H, BLOCK J, DIELER J, et al. Comparison between the productivity of pure and mixed stands of Norway spruce and European beech along an ecological gradient[J]. Annals of Forest Science, 2010, 67(7): 712.

[14]PRETZSCH H, SCHÜTZE G, UHL E. Resistance of European tree species to drought stress in mixed versus pure forests: evidence of stress release by interspecific facilitation[J]. Plant Biology, 2013, 15(3): 483 – 495.

[15]LARJAVAARA M. A review on benefits and disadvantages of tree diversity [J]. Open Forest Science Journal, 2008, 1(1): 24 – 26.

[16]SEDJO R A. The role of forest plantations in the world's future timber supply [J]. Forestry Chronicle, 2001, 77(2): 221 – 225.

[17]BROCKERHOFF E G, JACTEL H, PARROTTA J A, et al. Role of eucalypt and other planted forests in biodiversity conservation and the provision of biodiversity-related ecosystem services[J]. Forest Ecology and Management, 2013, 301: 43 – 50.

[18]KEENAN R J, REAMS G A, ACHARD F, et al. Dynamics of global forest area: results from the FAO global forest resources assessment 2015[J]. Forest Ecology and Management, 2015, 352: 9 – 20.

[19]PAYN T, CARNUS J M, FREER-SMITH P, et al. Changes in planted forests and future global implications[J]. Forest Ecology and Management, 2015, 352: 57 – 67.

[20]KELTY M J. The role of species mixtures in plantation forestry[J]. Forest Ecology and Management, 2006, 233(2 – 3): 195 – 204.

[21]NICHOLS J D, BRISTOW M, VANCLAY J K. Mixed-species plantations: prospects and challenges[J]. Forest Ecology and Management, 2006, 233 (2 – 3): 383 – 390.

[22]PIOTTO D. A meta-analysis comparing tree growth in monocultures and mixed plantations [J]. Forest Ecology and Management, 2008, 255 (3 – 4): 781 – 786.

[23] PLATH M, MODY K, POTVIN C, et al. Establishment of native tropical timber trees in monoculture and mixed-species plantations: small-scale effects on tree performance and insect herbivory[J]. Forest Ecology and Management, 2011, 261(3): 741 – 750.

[24] MARK P, ASHTON S, DUCEY T D. The development of mixed species plantations as successional analogues to natural forests[J]. USDA Forest Service — General Technical Report PNW, 1997(389): 113 – 126.

[25] BRAVO-OVIEDO A, PRETZSCH H, AMMER C, et al. European mixed forests: definition and research perspectives [J]. Forest Systems, 2014, 23 (3): 518 – 533.

[26] NGUYEN H, FIRN J, LAMB D, et al. Wood density: a tool to find complementary species for the design of mixed species plantations[J]. Forest Ecology and Management, 2014, 334: 106 – 113.

[27] MINHAS P S, YADAV R K, LAL K, et al. Effect of long-term irrigation with wastewater on growth, biomass production and water use by Eucalyptus (*Eucalyptus tereticornis* Sm.) planted at variable stocking density[J]. Agricultural Water Management, 2015, 152: 151 – 160.

[28] PARROTTA J A. Productivity, nutrient cycling, and succession in single-and mixed-species plantations of *Casuarina equisetifolia*, *Eucalyptus robusta*, and *Leucaena leucocephala* in Puerto Rico [J]. Forest Ecology and Management, 1999, 124(1): 45 – 77.

[29] LI Y Z, Chen X S, Xie Y H, et al. Effects of young poplar plantations on understory plant diversity in the Dongting Lake wetlands, China[J]. Scientific Reports, 2014, 4(1): 6339.

[30] CHAUDHARY A, BURIVALOVA Z, KOH L P, et al. Impact of forest management on species richness: global meta-analysis and economic trade-offs[J]. Scientific Reports, 2016, 6: 23954.

[31] LIU C L C, KUCHMA O, KRUTOVSKY K V. Mixed-species versus monocultures in plantation forestry: development, benefits, ecosystem services and perspectives for the future [J]. Global Ecology and Conservation, 2018,

15：00419.

[32]ERSKINE P D, LAMB D, BRISTOW M. Tree species diversity and ecosystem function：can tropical multi-species plantations generate greater productivity? [J]. Forest Ecology and Management, 2006, 233(2 – 3)：205 – 210.

[33]ALEM S, PAVLIS J, URBAN J, et al. Pure and mixed plantations of eucalyptus camaldulensis and cupressus iusitanica：their growth interactions and effect on diversity and density of undergrowth woody plants in relation to light[J]. Open Journal of Forestry, 2015, 5(4)：375 – 386.

[34]JIM M, ZHANG Z, JOHN C, et al. Water use by fast-growing Eucalyptus urophylla plantations in southern China[J]. Tree Physiology, 2004, 24(9)：1035 – 1044.

[35]HARTLEY M J. Rationale and methods for conserving biodiversity in plantation forests[J]. Forest Ecology and Management, 2002, 155(1 – 3)：81 – 95.

[36]CARNUS J M, PARROTTA J, BROCKERHOFF E, et al. Planted forests and biodiversity [J]. Journal of Forestry, 2006, 104(2)：65 – 77.

[37]ROUHI M E. Growth, Development and yield in pure and mixed forest stands [J]. International Journal of Advanced Biological and Biomedical Research, 2014, 2(10)：2725 – 2730.

[38] KANOWSKI J, CATTERALL C P, WARDELL-JOHNSON G W. Consequences of broadscale timber plantations for biodiversity in cleared rainforest landscapes of tropical and subtropical Australia [J]. Forest Ecology and Management, 2005, 208(1 – 3)：359 – 372.

[39]PETIT B, MONTAGNINI F. Growth in pure and mixed plantations of tree species used in reforesting rural areas of the humid region of Costa Rica, Central America [J]. Forest Ecology and Management, 2006, 233 (2 – 3)：338 – 343.

[40]ZHANG Y, CHEN H Y H, REICH P B. Forest productivity increases with evenness, species richness and trait variation：a global meta-analysis [J]. Journal of Ecology, 2012, 100(3)：742 – 749.

[41]PRETZSCH H, SCHÜTZE G. Effect of tree species mixing on the size struc-

ture, density, and yield of forest stands[J]. European Journal of Forest Research, 2015, 135(1): 1 –22.

[42]CHOMEL M, DESROCHERS A, Baldy V, et al. Non-additive effects of mixing hybrid poplar and white spruce on aboveground and soil carbon storage in boreal plantations[J]. Forest Ecology and Management, 2014, 328: 292 – 299.

[43]丁壮. 红松人工林碳贮量和碳分配的研究 [D]. 哈尔滨:东北林业大学, 2010.

[44]谭学仁, 路治林. 人工阔叶红松林主要混交类型群落结构及其生物量的调查研究[J]. 辽宁林业科技, 1990(1): 18 –23.

[45]GRIESS V C, KNOKE T. Growth performance, windthrow, and insects: meta-analyses of parameters influencing performance of mixed-species stands in boreal and northern temperate biomes[J]. Canadian Journal of Forest Research, 2011, 41(6): 1141 –1159.

[46]DRÖSSLER L, ÖVERGAARD R, EKÖ P M, et al. Early development of pure and mixed tree species plantations in Snogeholm, southern Sweden[J]. Scandinavian Journal of Forest Research, 2015, 30(4): 304 –316.

[47]王翠华. 艾比湖湿地不同植物根际氨氧化微生物种群多样性及其对环境响应的研究[D]. 石河子:石河子大学, 2015.

[48]FORRESTER D I, BAUHUS J, COWIE A L. On the success and failure of mixed-species tree plantations: lessons learned from a model system of *Eucalyptus globulus* and *Acacia mearnsii*[J]. Forest Ecology and Management, 2005, 209(1 –2): 147 –155.

[49]陈立新, 李刚, 李少博, 等. 退化草牧场防护林土壤腐殖质碳组分特征及酶活性[J]. 林业科学研究, 2017, 30(3): 494 –502.

[50]MANSON D G, SCHMIDT S, BRISTOW M, et al. Species-site matching in mixed species plantations of native trees in tropical Australia[J]. Agroforestry Systems, 2013, 87(1): 233 –250.

[51]GEBRU H. A review on the comparative advantages of intercropping to mono-cropping system[J]. Journal of Biology, Agriculture and Healthcare, 2015, 5

(9): 1 - 13.

[52] CANADELL J G, RAUPACH M R. Managing forests for climate change mitiga-
tion [J]. Science, 2008, 320(5882): 1456 - 1457.

[53] CANADELL J G, SCHULZE E D. Global potential of biospheric carbon mana-
gement for climate mitigation [J]. Nature Communications, 2014, 5
(5): 5282.

[54] DIXON R K, SOLOMON A M, BROWN S, et al. Carbon pools and flux of
global forest ecosystems[J]. Science, 1994, 263(5144): 185 - 190.

[55] MACKEY B, PRENTICE I C, STEFFEN W, et al. Untangling the confusion
around land carbon science and climate change mitigation policy[J]. Nature
Climate Change, 2013, 3(9): 847.

[56] THUILLE A, SCHULZE E D. Carbon dynamics in successional and afforested
spruce stands in Thuringia and the Alps[J]. Global Change Biology, 2006, 12
(2): 325 - 342.

[57] FARLEY K A. Grasslands to tree plantations: forest transition in the andes of
ecuador[J]. Annals of the Association of American Geographers, 2007, 97
(4): 755 - 771.

[58] FAN S, GLOOR M, MAHLMAN J, et al. A large terrestrial carbon sink in
North America implied by atmospheric and oceanic carbon dioxide data and
models[J]. Science, 1998, 282(5388): 442 - 446.

[59] HOUGHTON R A, HACKLER J L, LAWRENCE K T. The U. S. Carbon
budget: contributions from land-use change[J]. Science, 1999, 285(5427):
574 - 578.

[60] FANG J Y, CHEN A P, PENG C H, et al. Changes in forest biomass carbon
storage in China between 1949 and 1998[J]. Science, 2001, 292(5525):
2320 - 2322.

[61] KRAENZEL M, CASTILLO A, MOORE T, et al. Carbon storage of harvesta-
ge teak (*Tectona grandis*) plantations, Panama [J]. Forest Ecology and
Management, 2003, 173(1): 213 - 225.

[62] NILSSON S, SCHOPFHAUSER W. The carbon-sequestration potential of a

global afforestation program[J]. Climatic Change, 1995, 30(3): 267 -293.

[63] RICHTER D D, MARKEWITZ D, TRUMBORE S E, et al. Rapid accumulation and turnover of soil carbon in a re-establishing forest[J]. Nature, 1999, 400(6739): 56 -58.

[64] SILVER W L, OSTERAG R, LUGO A E. The potential for carbon sequestration through reforestation of abandoned tropical agricultural and pasture lands [J]. Restoration Ecology, 2010, 8(4): 394 -407.

[65] LACLAU P. Biomass and carbon sequestration of ponderosa pine plantations and native cypress forests in northwest Patagonia [J]. Forest Ecology and Management, 2003, 180(1): 317 -333.

[66] BATJES N H. Mitigation of atmospheric CO_2 concentrations by increased carbon sequestration in the soil[J]. Biology and Fertility of Soils, 1998, 27(3): 230 -235.

[67] VESTERDAL L, RITTER E, GUNDERSEN P. Change in soil organic carbon following afforestation of former arable land[J]. Forest Ecology and Management, 2002, 169(1 -2): 137 -147.

[68] WOODBURY P B, HEATH L S, SMITH J E. Effects of land use change on soil carbon cycling in the conterminous United States from 1900 to 2050[J]. Global Biogeochemical Cycles, 2007, 21(3): 1 -12.

[69] LIU J G, LI S X, Ouyang Z Y, et al. Ecological and socioeconomic effects of China's policies for ecosystem services[J]. Proceedings of the National Academy of Sciences, 2008, 105(28): 9477 -9482.

[70] NIU X Z, DUIKER S W. Carbon sequestration potential by afforestation of marginal agricultural land in the Midwestern U. S. [J]. Forest Ecology and Management, 2006, 223(1 -3): 415 -427.

[71] XU D Y. The potential for reducing atmospheric carbon by large-scale afforestation in China and related cost/benefit analysis[J]. Fuel and Energy Abstracts, 1996, 37(3): 227.

[72] CHEN X G, ZHANG X Q, Zhan Y P, et al. Carbon sequestration potential of the stands under the Grain for Green Program in Yunnan Province, China[J].

Forest Ecology and Management, 2009, 258(3): 199 - 206.

[73] WINJUM J K, SCHROEDER P E. Forest plantations of the world: their extent, ecological attributes, and carbon storage [J]. Agricultural and Forest Meteorology, 1997, 84(1 -2): 153 - 167.

[74] HOOVER C M, LEAK W B, KEEL B G. Benchmark carbon stocks from old-growth forests in northern New England, USA[J]. Forest Ecology and Management, 2012, 266: 108 - 114.

[75] COOMES D A, HOLDAWY R J, KOBE R K, et al. A general integrative framework for modelling woody biomass production and carbon sequestration rates in forests [J]. Journal of Ecology, 2012, 100(1): 42 -64.

[76] PAN YYDE, BIRDSEY R A, FANG J Y, et al. A Large and persistent carbon sink in the world's forests[J]. Science, 2011, 333(6045): 988 -993.

[77] ZARIN D J. Carbon from tropical deforestation[J]. Science, 2012, 336 (6088): 1518 - 1519.

[78] CHEN D M, ZHANG C L, WU J P, et al. Subtropical plantations are large carbon sinks: evidence from two monoculture plantations in south China[J]. Agricultural and Forest Meteorology, 2011, 151(9): 1214 - 1225.

[79] NIU D, WANG S L, OUYANG Z Y. Comparisons of carbon storages in *Cunninghamia lanceolata* and *Michelia macclurei* plantations during a 22-year period in southern China [M]. Journal of Environmental Sciences, 2009,21 (6): 801 -805.

[80] KANOWSKI J, CATTERALL C P. Carbon stocks in above-ground biomass of monoculture plantations, mixed species plantations and environmental restoration plantings in north-east Australia[J]. Ecological Management & Restoration, 2010, 11(2): 119 - 126.

[81] 尤文忠, 魏文俊, 邢兆凯, 等. 辽东山区落叶松人工林和蒙古栎天然次生林的固碳功能[J]. 东北林业大学学报, 2011, 39(10): 21 -24.

[82] 张连芬. 桉树种植的生态问题与可持续发展对策[J]. 乡村科技, 2018, 179(11): 74 -75.

[83] BERG M P, VERHOEF H A, BOLLGER T, et al. Effects of air pollutant-tem-

perature interactions on mineral-N dynamics and cation leaching in reciplicate forest soil transplantation experiments[J]. Biogeochemistry, 1997,39(3): 295 – 326.

[84]GALLOWAY J N, DENTENER F J, CAPONE D G, et al. Nitrogen cycles: past, present, and future[J]. Biogeochemistry, 2004, 70(2): 153 – 226.

[85]GALLOWAY J N, TOWNSEND A R, ERISMAN J W, et al. Transformation of the nitrogen cycle: recent trends, questions, and potential solutions[J]. Science, 2008, 320(5878): 889 – 892.

[86]SILVER W L, THOMPSON A W, REICH A, et al. Nitrogen cycling in tropical plantation forests: potential controls on nitrogen retention[J]. Ecological Applications, 2005, 15(5): 1604 – 1614.

[87]TEMPLER P H, SILVER W L, PETT-RIDGE J, et al. Plant and microbial controls on nitrogen retention and loss in a humid tropical forest[J]. Ecology, 2008, 89(11): 3030 – 3040.

[88]ABER J, MCDOWELL W, NADELHOFFER K, et al. Nitrogen saturation in temperate Forest ecosystems hypotheses revisited[J]. Bioscience, 1998, 48 (11): 921 – 934.

[89]FANG Y T, YOH M , MO J M, et al. Response of nitrogen leaching to nitrogen deposition in disturbed and mature forests of southern china[J]. Pedosphere, 2009, 19(1): 111 – 120.

[90]LI D J, WANG X M, Mo J M, et al. Soil nitric oxide emissions from two subtropical humid forests in south China[J]. Journal of Geophysical Research Atmospheres, 2007, 112:1 – 9.

[91]FALKOWSKI P G, TOM F, DELONG E F. The microbial engines that drive Earth's biogeochemical cycles [J]. Science, 2008, 320 (5879): 1034 – 1039.

[92]WARDLE D A. Communities and ecosystems: linking the aboveground and belowground components[J]. Austral Ecology, 2010, 29(3): 358 – 359.

[93]DECAËNS T. Macroecological patterns in soil communities[J]. Global Ecology and Biogeography, 2010, 19(3): 287 – 302.

[94]WALDROP M P, MCCOLL J G, POWERS R F. Effects of forest postharvest management practices on enzyme activities in decomposing litter[J]. Soil Science Society of America Journal, 2003, 67(4): 1250 – 1256.

[95]PURAHONG W, HOPPE B, KAHL T, et al. Changes within a single land-use category alter microbial diversity and community structure: molecular evidence from wood-inhabiting fungi in forest ecosystems[J]. Journal of Environmental Management, 2014, 139: 109 – 119.

[96]DORAN J W, ZEISS M R. Soil health and sustainability: managing the biotic component of soil quality[J]. Applied Soil Ecology, 2000, 15(1): 3 – 11.

[97]LECKIE S E, PRESCOTT C E, GRAYSTON S J, et al. Characterization of humus microbial communities in adjacent forest types that differ in nitrogen availability[J]. Microbial Ecology, 2004, 48(1): 29 – 40.

[98]HANNAM K D, QUIDEAU S A, KISHCHUK B E. Forest floor microbial communities in relation to stand composition and timber harvesting in northern Alberta[J]. Soil Biology and Biochemistry, 2006, 38(9): 2565 – 2575.

[99]HE J Z, XU Z H, HUGHES J. Molecular bacterial diversity of a forest soil under residue management regimes in subtropical Australia[J]. FEMS Microbiology Ecology, 2006, 55(1):38 – 47.

[100]杜璨. 秦岭辛家山不同林分土壤微生物群落的季节动态[D]. 咸阳:西北农林科技大学, 2018.

[101]ŠNAJDR J, VALÁŠKOVÁ V, MERHAUTOVÁ V R, et al. Spatial variability of enzyme activities and microbial biomass in the upper layers of *Quercus petraea* forest soil[J]. Soil Biology and Biochemistry, 2008, 40(9): 2068 – 2075.

[102]陈仁华. 武夷山不同森林类型土壤微生物分布状况的研究[J]. 福建林业科技, 2004, 31(4): 44 – 47.

[103]魏佳宁, 马红梅, 邵新庆, 等. 三江源区土壤微生物和土壤养分空间分布特性研究[J]. 中国土壤与肥料, 2016(2): 27 – 31.

[104]CHRISTINA K, MARIANNE K, BARBARA K, et al. Belowground carbon allocation by trees drives seasonal patterns of extracellular enzyme activities by

altering microbial community composition in a beech forest soil[J]. New Phytologist, 2010, 187(3): 843 – 858.

[105] BROCKETT B F T, PRESCOTT C E, GRAYSTON S J. Soil moisture is the major factor influencing microbial community structure and enzyme activities across seven biogeoclimatic zones in western Canada[J]. Soil Biology and Biochemistry, 2012, 44(1):9 – 20.

[106] KAISER C, FUCHSLUEGER L, KORANDA M, et al. Plants control the seasonal dynamics of microbial N cycling in a beech forest soil by belowground C allocation[J]. Ecology, 2011, 92(5): 1036 – 1051.

[107] 邵玉琴, 赵吉. 内蒙古库布齐油蒿固定沙丘土壤微生物数量的季节动态分布研究[J]. 中国草地, 2000(2): 42 – 45,55.

[108] 刘洋, 张健, 闫帮国, 等. 青藏高原东缘高山森林 – 苔原交错带土壤微生物生物量碳、氮和可培养微生物数量的季节动态[J]. 植物生态学报, 2012, 36(5): 382 – 392.

[109] 刘爽. 五种温带森林土壤微生物生物量碳和氮的时空变化[D]. 哈尔滨: 东北林业大学, 2010.

[110] 于宁楼. 九龙山不同森林类型立地长期生产力研究[D]. 北京:中国林业科学研究院, 2001.

[111] 张其水, 俞新妥. 杉木连栽林地营造混交林后土壤微生物的季节性动态研究[J]. 生态学报, 1990, 10(2): 121 – 126.

[112] 许光辉, 郑洪元, 张德生, 等. 长白山北坡自然保护区森林土壤微生物生态分布及其生化特性的研究[J]. 生态学报, 1984, 4(3): 207 – 223.

[113] 黄志宏, 田大伦, 梁瑞友, 等. 南岭不同林型土壤微生物数量特征分析[J]. 中南林业科技大学学报, 2007, 27(3): 1 – 4,13.

[114] 徐建峰, 赵家豪, 袁在翔, 等. 不同树种与土地利用方式对土壤微生物生物量碳氮的影响[J]. 中南林业科技大学学报, 2018, 38(4): 95 – 100,113.

[115] ZHENG H, OUYANG Z Y, WANG X K, et al. Effects of regenerating forest cover on soil microbial communities: a case study in hilly red soil region, Southern China[J]. Forest Ecology and Management, 2005, 217(2): 244 –

254.

[116] BURTON J, CHEN C G, XU Z H, et al. Soil microbial biomass, activity and community composition in adjacent native and plantation forests of subtropical Australia[J]. Journal of Soils and Sediments, 2010, 10(7): 1267-1277.

[117] 周延阳. 红松林不同经营方式对土壤性质的影响[D]. 哈尔滨: 东北林业大学, 2009.

[118] 于瑛楠, 李宇光, 吴双. 胡桃楸、白桦纯林及其混交林土壤微生物特性研究[J]. 安徽农业科学, 2015, 43(19): 138-140.

[119] 邓娇娇, 周永斌, 杨立新, 等. 落叶松和水曲柳带状混交对土壤微生物群落功能多样性的影响[J]. 生态学杂志, 2016, 35(10): 2684-2691.

[120] 惠亚梅, 巨天珍, 贾丽, 等. 秦岭西段北坡森林土壤微生物群落及生境特征[J]. 江苏农业科学, 2015, 43(1): 322-326.

[121] 殷有, 阎品初, 井艳丽, 等. 辽东山区3种林分土壤理化性质和微生物特性研究[J]. 沈阳农业大学学报, 2018, 49(5): 552-558.

[122] 罗达, 史作民, 唐敬超, 等. 南亚热带乡土树种人工纯林及混交林土壤微生物群落结构[J]. 应用生态学报, 2014, 25(9): 2543-2550.

[123] LOGARES R, SUNAGAWA S, SALAZAR G, et al. Metagenomic 16S rDNA Illumina tags are a powerful alternative to amplicon sequencing to explore diversity and structure of microbial communities[J]. Environmental Microbiology, 2014, 16(9): 2659-2671.

[124] 魏鹏, 高东启. 东折棱河地区不同类型天然红松林林分结构比较[J]. 绿色科技, 2012(11): 61-63.

[125] 董灵波, 刘兆刚, 李凤日, 等. 凉水自然保护区阔叶红松林林分空间结构特征及其与影响因子关系[J]. 植物研究, 2014, 34(1): 114-120, 130.

[126] 张琴. 红松阔叶林凋落物分解特性研究[D]. 北京: 北京林业大学, 2014.

[127] 李雪峰, 韩士杰, 郭忠玲, 等. 红松阔叶林内凋落物表层与底层红松枝叶的分解动态[J]. 北京林业大学学报, 2006, 28(3): 8-13.

[128] 于诗卓. 针阔混交红松林不同林分类型土壤有机碳空间分布与养分相关性研究[D]. 北京: 北京林业大学, 2015.

[129]鲍士旦. 土壤农化分析[M]. 北京：中国农业出版社，2000.

[130]关松荫，等. 土壤酶及其研究法[M]. 北京：农业出版社，1986.

[131]石喆. 农业生产方式对土壤肥料的主要影响及对策[J]. 农业工程技术，2017，37(20)：41.

[132]于天仁. 从土壤的化学性质看土壤肥力[J]. 土壤通报，1963(3)：1-8.

[133]李国平，张卫强，张卫华，等. 桉树林和针阔混交林对土壤理化性质的影响比较[J]. 广东农业科学，2014，41(20)：67-74.

[134]闫宝龙，赵清格，张波，等. 不同植被类型对土壤理化性质和土壤呼吸的影响[J]. 生态环境学报，2017，26(2)：189-195.

[135]陈永亮，李淑兰. 胡桃楸、落叶松纯林及其混交林土壤化学性质[J]. 福建林学院学报，2004，24(4)：331-334.

[136]葛晓改. 三峡库区马尾松林凋落物分解及对土壤碳库动态的影响研究[D]. 北京：中国林业科学研究院，2012.

[137]胡学军，江明喜. 香溪河流域一条一级支流河岸林凋落物季节动态[J]. 武汉植物学研究，2003，21(2)：124-128.

[138]莫江明. 鼎湖山退化马尾松林、混交林和季风常绿阔叶林土壤全磷和有效磷的比较[J]. 广西植物，2005，25(2)：186-192.

[139]孙丽静，蒋益成. 岭南不同园林植物根区土壤微生物功能多样性季节动态变化[J]. 江苏农业科学，2016，44(10)：478-483.

[140]马大龙，李森森，王璐璐，等. 扎龙湿地土壤微生物代谢功能的季节性差异[J]. 中国科技论文，2016，11(9)：1046-1050.

[141]詹书侠. 中亚热带丘陵红壤区森林演替典型阶段土壤磷分级与有效性[D]. 南昌：南昌大学，2008.

[142]王伟波，葛萍，达良俊，等. 大别山低海拔区不同植被类型土壤生物学特性[J]. 广东农业科学，2014，41(14)：51-56.

[143]何斌，温远光，袁霞，等. 广西英罗港不同红树植物群落土壤理化性质与酶活性的研究[J]. 林业科学，2002，38(2)：21-27.

[144]潘云龙，林国伟，陈志为，等. 杉木纯林及杉桐混交林土壤酶活性研究[J]. 热带作物学报，2018，39(5)：846-851.

[145]万忠梅，吴景贵. 土壤酶活性影响因子研究进展[J]. 西北农林科技大学

学报(自然科学版), 2005, 33(6): 87 – 92.

[146]杨芳. 川西亚高山森林土壤微生物和酶活性分布特征研究[D]. 重庆:西南农业大学, 2004.

[147]谷思玉, 隋跃宇. 红松人工纯林、人工混交林和天然林几种土壤酶活性比较[J]. 农业系统科学与综合研究, 2007, 23(4): 486 – 488,493.

[148]陈彩虹, 叶道碧. 4 种人工林土壤酶活性与养分的相关性研究[J]. 中南林业科技大学学报, 2010, 30(6): 64 – 68.

[149]杨万勤, 王开运. 森林土壤酶的研究进展[J]. 林业科学, 2004, 40(2): 152 – 159.

[150]郑洪元, 张德生, 周维新, 等. 森林有机残体分解与土壤酶活性[J]. 土壤通报, 1983(1): 36 – 39.

[151]陶宝先, 张金池, 愈元春, 等. 苏南丘陵地区森林土壤酶活性季节变化[J]. 生态环境学报, 2010, 19(10): 2349 – 2354.

[152]樊军, 郝明德. 黄土高原旱地轮作与施肥长期定位试验研究Ⅱ. 土壤酶活性与土壤肥力[J]. 植物营养与肥料学报, 2003, 9(2): 146 – 150.

[153]李国雷, 刘勇, 甘敬, 等. 飞播油松林地土壤酶活性对间伐强度的季节响应[J]. 北京林业大学学报, 2008, 30(2): 82 – 88.

[154]蒋晓梅, 彭福田, 张江红, 等. 肥料袋控缓释对桃树土壤酶活性及植株生长的影响[J]. 水土保持学报, 2015, 29(1): 279 – 284.

[155]GARLAND J L, MILLS A L. Classification and characterization of heterotrophic microbial communities on the basis of patterns of community-level sole-carbon-source utilization [J]. Applied and Environmental Microbiology, 1991, 57(8): 2351 – 2359.

[156]CLASSEN A T, BOYLE S I, HASKINS K E, et al. Community-level physiological profiles of bacteria and fungi: plate type and incubation temperature influences on contrasting soils[J]. FEMS Microbiology Ecology, 2003, 44(3): 319 – 328.

[157]VERSTRAETE W, VOETS J P. Soil microbial and biochemical characteristics in relation to soil management and fertility[J]. Soil Biology and Biochemistry, 1977, 9(4): 253 – 258.

[158]BUYER J S, KAUFMAN D D. Microbial diversity in the rhizosphere of corn grown under conventional and low-input systems[J]. Applied Soil Ecology, 1997, 5(1): 21 –27.

[159]张萌萌, 敖红, 张景云, 等. 建植年限对紫花苜蓿根际土壤微生物群落功能多样性的影响[J]. 草业科学, 2014, 31(5): 787 –796.

[160]张萌萌, 张钰莹, 吴迪, 等. 人工针阔混交林土壤微生物群落碳代谢特征[J]. 东北林业大学学报, 2018(12): 76 –81.

[161]罗希茜, 郝晓晖, 陈涛, 等. 长期不同施肥对稻田土壤微生物群落功能多样性的影响[J]. 生态学报, 2009, 29(2): 740 –748.

[162]林青, 曾军, 马晶, 等. 新疆地震断裂带次生植物根际土壤微生物碳源利用[J]. 应用生态学报, 2011, 22(9): 2297 –2302.

[163]GARLAND J L. Analysis and interpretation of community-level physiological profiles in microbial ecology[J]. FEMS Microbiology Ecology, 1997, 24(4): 289 –300.

[164]WAID J S. Does soil biodiversity depend upon metabiotic activity and influences? [J]. Applied Soil Ecology, 1999, 13(2): 151 –158.

[165]CHODAK M, PIETRZYKOWSKI M, SROKA R. Physiological profiles of microbial communities in mine soils afforested with different tree species[J]. Ecological Engineering, 2015, 81: 462 –470.

[166]易志刚, 蚁伟民, 周丽霞, 等. 鼎湖山主要植被类型土壤微生物生物量研究[J]. 生态环境, 2005, 14(5): 727 –729.

[167]JIA S X, WANG Z Q, LI X P, et al. Effect of nitrogen fertilizer, root bran chorder and temperature on respiration and tissue N concentration of fine roots in *Larix gmelinii* and *Fraxinus mandshurica* [J]. Tree Physiology, 2011, 31(7): 718 –726.

[168]JIA S X, MCLAUGHLIN N B, GU J C, et al. Relationships between root respiration rate and root morphology, chemistry and anatomy in *Larix gmelinii* and *Fraxinus mandshurica*[J]. Tree Physiology, 2013, 33(6): 579 –589.

[169]刘继明, 黄炳军, 徐演鹏, 等. 河南鸡公山自然保护区典型森林类型土壤微生物群落功能多样性[J]. 林业资源管理, 2013(1): 76 –85.

[170]ZABINSKI C A, GANNON J E. Effects of recreational impacts on soil microbial communities [J]. Environmental Management, 1997, 21 (2): 233 –238.

[171]陈法霖,郑华,阳柏苏,等. 中亚热带几种针、阔叶树种凋落物混合分解对土壤微生物群落碳代谢多样性的影响[J]. 生态学报, 2011, 31(11): 3027 –3035.

[172]张俊艳. 海南岛热带天然针叶林 – 阔叶林交错区的群落特征研究[D]. 北京:中国林业科学研究院, 2014.

[173]孔维栋,刘可星,廖宗文. 有机物料种类及腐熟水平对土壤微生物群落的影响[J]. 应用生态学报, 2004, 15(3): 487 –492.

[174]谢英荷,洪坚平,卜玉山,等. 枣麦间作对土壤肥力的影响[J]. 山西农业大学学报(自然科学版), 2002, 22(3): 203 –205.

[175]PRESTON-MAFHAM J, BODDY L, RANDERSON P F. Analysis of microbial community functional diversity using sole-carbon-source utilisation profiles – a critique[J]. FEMS Microbiology Ecology, 2002, 42(1): 1 –14.

[176]QUAST C, PRUESSE E, YILMAZ P, et al. The SILVA ribosomal RNA gene database project: improved data processing and web-based tools[J]. Nucleic Acids Research, 2013, 41(1):590 –596.

[177]AMATO K R, YEOMAN C J, KENT A, et al. Habitat degradation impacts black howler monkey (*Alouatta pigra*) gastrointestinal microbiomes[J]. The ISME Journal, 2013, 7(7): 1344 –1353.

[178]JAMI E, ISRAEL A, KOSTER A, et al. Exploring the bovine rumen bacterial community from birth to adulthood[J]. The ISME Journal, 2013, 7(6): 1069 –1079.

[179]YANG S L, ZHANG J, XU X J. Influence of the Three Gorges Dam on downstream delivery of sediment and its environmental implications, Yangtze River [J]. Geophysical Research Letters, 2007, 34(10): 1 –5.

[180]黄雅丽,田琪,秦光华,等.黄河三角洲刺槐白蜡混交对土壤细菌群落结构及多样性的影响[J].生态学报, 2018, 38(11): 3859 –3867.

[181]刘秉儒,张秀珍,胡天华,等. 贺兰山不同海拔典型植被带土壤微生物多

样性[J]. 生态学报, 2013, 33(22): 7211 – 7220.

[182]杨菁, 周国英, 田媛媛, 等. 降香黄檀不同混交林土壤细菌多样性差异分析[J]. 生态学报, 2015, 35(24): 8117 – 8127.

[183]孙海, 王秋霞, 张春阁, 等. 不同树叶凋落物对人参土壤理化性质及微生物群落结构的影响[J]. 生态学报, 2018, 38(10): 3603 – 3615.

[184]雷海迪, 尹云锋, 刘岩, 等. 杉木凋落物及其生物炭对土壤微生物群落结构的影响[J]. 土壤学报, 2016, 53(3): 790 – 799.

[185]LAUBER C L, HAMADY M, KNIGHT R, et al. Pyrosequencing-based assessment of soil pH as a predictor of soil bacterial community structure at the continental scale [J]. Applied and Environmental Microbiology, 2009, 75 (15): 5111 – 5120.

[186]戴雅婷, 闫志坚, 解继红, 等. 基于高通量测序的两种植被恢复类型根际土壤细菌多样性研究[J]. 土壤学报, 2017, 54(3): 735 – 748.

[187]HACKL E, ZECHMEISTER – BOLTENSTERN S, BODROSSY L, et al. Comparison of diversities and compositions of bacterial populations inhabiting natural forest soils [J]. Applied and Environmental Microbiology, 2004, 70 (9): 5057 – 5065.

[188]徐飞, 蔡体久, 杨雪, 等. 三江平原沼泽湿地垦殖及自然恢复对土壤细菌群落多样性的影响[J]. 生态学报, 2016, 36(22): 7412 – 7421.

[189]URMAS K, HENRIK R N, KESSY A, et al. Towards a unified paradigm for sequence-based identification of fungi [J]. Molecular Ecology, 2013, 22 (21): 5271 – 5277.

[190]SIGNORI C N, THOMAS F, ENRICH-PRAST A, et al. Microbial diversity and community structure across environmental gradients in Bransfield Strait, Western Antarctic Peninsula[J]. Frontiers in Microbiology, 2014, 5(647): 1 – 12.

[191]SPATAFORA J W, CHANG Y, BENNY G L, et al. A phylum-level phylogenetic classification of zygomycete fungi based on genome-scale data[J]. Mycologia, 2016, 108(5): 1028 – 1046.

[192]WEBER C F, LOCKHART J S, CHARASKA E, et al. Bacterial composition

of soils in ponderosa pine and mixed conifer forests exposed to different wild-fire burn severity [J]. Soil Biology and Biochemistry, 2014, 69 (1): 242 – 250.

[193] 乔沙沙, 周永娜, 柴宝峰, 等. 关帝山森林土壤真菌群落结构与遗传多样性特征[J]. 环境科学, 2017, 38(6): 2502 – 2512.

[194] ANDERSON I C, CAMPBELL C D, PROSSER J I. Potential bias of fungal 18S rDNA and internal transcribed spacer polymerase chain reaction primers for estimating fungal biodiversity in soil [J]. Environmental Microbiology, 2010, 5(1): 36 – 47.

[195] HE J Z, XU Z H, HUGHES J. Analyses of soil fungal communities in adjacent natural forest and hoop pine plantation ecosystems of subtropical Australia using molecular approaches based on 18S rRNA genes [J]. Fems Microbiology Letters, 2005, 247(1): 91 – 100.

[196] YELLE D J, JOHN R, FACHUANG L, et al. Evidence for cleavage of lignin by a brown rot basidiomycete [J]. Environmental Microbiology, 2010, 10 (7): 1844 – 1849.

[197] CHRISTINA B, KATHRIN F, STEPHAN N, et al. Estimating the phanerozoic history of the Ascomycota lineages: combining fossil and molecular data[J]. Molecular Phylogenetics and Evolution, 2014, 78(1): 386 – 398.

[198] BOSSUYT H, DENEF K, SIX J, et al. Influence of microbial populations and residue quality on aggregate stability[J]. Applied Soil Ecology, 2001, 16(3): 195 – 208.

[199] CLARK J A, COVEY K R. Tree species richness and the logging of natural forests: a meta-analysis[J]. Forest Ecology and Management, 2012, 276 (4): 146 – 153.

[200] LI S M, CHEN Y L, LIN X G, et al. Mycorrhizology in the 21st Century [J]. Journal of Fungal Research, 2012, 10(3): 182 – 189.

[201] 王芳, 图力古尔. 土壤真菌多样性研究进展[J]. 菌物研究, 2014, 12 (3): 178 – 186.

[202] FORRESTER D I. The spatial and temporal dynamics of species interactions

in mixed-species forests: from pattern to process[J]. Forest Ecology and Management, 2014, 312(1): 282 –292.

[203] SEIDEL D, LEUSCHNER C, SCHERBER C, et al. The relationship between tree species richness, canopy space exploration and productivity in a temperate broad-leaf mixed forest[J]. Forest Ecology and Management, 2013, 310 (1): 366 –374.

[204] TURNBAUGH P J, LEY R E, HAMADY M, et al. The human microbiome project: exploring the microbial part of ourselves in a changing world[J]. Nature, 2007, 449(7164): 804.

[205] SHEN C C, LIANG W J, YU S, et al. Contrasting elevational diversity patterns between eukaryotic soil microbes and plants[J]. Ecology, 2014, 95 (11): 3190 –3202.

[206] 蒋敏芝, 黄秋雨. 古菌氨氧化与 amoA 基因的扩增[J]. 上海化工, 2012, 37(6): 5 –9.

[207] 汪峰, 曲浩丽, 丁玉芳, 等. 三种农田土壤中氨氧化细菌 amoA 基因多样性比较分析[J]. 土壤学报, 2012, 49(2): 347 –353.

[208] 董莲华, 杨金水, 袁红莉. 氨氧化细菌的分子生态学研究进展[J]. 应用生态学报, 2008, 19(6): 1381 –1388.

[209] WILLM M H, BERUBE P M, HIDETOSHI U, et al. Ammonia oxidation kinetics determine niche separation of nitrifying Archaea and Bacteria[J]. Nature, 2009, 461(7266): 976 –979.

[210] 黄蓉, 张金波, 钟文辉, 等. 土地利用方式对万木林土壤氨氧化微生物丰度的影响[J]. 土壤, 2012, 44(4): 581 –587.

[211] 姜欣华. 热带山地雨林三种林型土壤氧化亚氮通量及其氨氧化古菌多样性研究[D]. 雅安: 四川农业大学, 2015.

[212] 吕玉, 周龙, 龙光强, 等. 不同氮水平下间作对玉米土壤硝化势和氨氧化微生物数量的影响[J]. 环境科学, 2016, 37(8): 3229 –3236.

[213] 梁月明, 苏以荣, 张伟, 等. 桂西北不同植被恢复阶段土壤氨氧化细菌遗传多样性研究[J]. 土壤学报, 2013, 50(2): 364 –371.

[214] 宋亚娜, 林智敏, 林捷. 不同品种水稻土壤氨氧化细菌和氨氧化古菌群

落结构组成[J]. 中国生态农业学报, 2009, 17(6): 1211 – 1215.

[215]路璐, 何燕. 不同林分土壤中氨氧化微生物的群落结构和硝化潜势差异及其驱动因子[J]. 南方农业学报, 2018, 49(11): 2169 – 2176.

[216]HERRMANN M, SAUNDERS A M, SCHRAMM A, et al. Archaea dominate the ammonia-oxidizing community in the rhizosphere of the freshwater macrophyte Littorella uniflora[J]. Applied and Environmental Microbiology, 2008, 74(10): 3279 – 3283.

[217]SANTORO A E, FRANCIS C A, DE SIEYES N R, et al. Shifts in the relative abundance of ammonia-oxidizing bacteria and archaea across physicochemical gradients in a subterranean estuary[J]. Environmental Microbiology, 2008, 10(4): 1068 – 1079.

后 记

　　衷心感谢我的导师孙广玉教授。他不仅在科研方面进行细心而智慧的指导,在生活方面也给予我深切的关怀,教给我待人接物的道理。当我遇到困难时,鼓励我不要轻言放弃,要学会以乐观而积极的态度去面对困难和挑战。您的言传身教让我终生受益,我将以您为榜样,生命不息,奋斗不止。

　　感谢敖红老师、张秀丽老师、吴迪老师及张会慧、许楠、李鑫、王宁、王月、张书博、赵美纯等人,感谢你们在试验等方面给予我的帮助。

　　特别感谢 Chow 教授、樊大勇老师、易小平老师、姚贺盛老师等在澳大利亚国立大学交流学习过程中给予我科研和生活方面的帮助,让我在异国他乡感受到了家人般的温暖。

　　最后,感谢我的父母、亲人和朋友们,谢谢你们在我生命中出现,陪我一起分担辛苦、共享快乐,是你们的鼓励与支持让我能坚持走完博士研究生这条有些艰苦的路。未来时间还很长,我们要一直在一起。